トンネル 新なぜなぜおもしろ読本

大野春雄／監修
小笠原光雅・酒井邦登・森川誠司／著

NANO OPT Media

まえがき

　19世紀末のノーベルによるダイナマイトの発明によってトンネルを掘る技術が飛躍的に進み、硬い岩盤を切り崩すことが容易になりました。トンネルは、山などの地上の障害物を避け、スムーズに人や物資を移動させるための地下空間です。鉄道トンネル、道路トンネル、上水道下水道等ライフラインのトンネル等が、現在の社会基盤施設としてのトンネルですが、歴史的にみると、鉱物資源を採るためのトンネルや軍事目的からのトンネル等、さまざまなものがあります。

　トンネルの中で最も長いのは、水道用のトンネルで1944年に完成した直径4.1 m、全長169 kmのニューヨークのウエストデラウエア水道ということです。鉄道トンネルでは、本州と北海道を海底で結ぶ53.9 kmの青函トンネルが世界最長です。また道路トンネルでは、24.5 kmのノルウェーのラダルトンネルが挙げられます。

　ここでは、簡単にトンネルの長さを競っていますが、トンネルを掘るということは容易なことではありません。難工事に難工事を重ね、問題を克服し、技術を開発し、ようやく長大トンネルを建設することができたわけです。トンネルの技術は、ダイナマイトの発明、東海道新幹線の建設で採用された鋼製アーチ支保工、トンネル技術の先進国であるオーストリアで開発された、人工の支保工がいらないNATM工法など、度重なる技術の飛躍により発達してきました。

　トンネル工事の話というと「難工事」というキーワードがつきものでした。断層破砕帯からの多量の出水、水没、地熱との闘い、地山の大変形など、多難な工事記録があります。石原裕次郎の主演で映画化された「黒部の太陽」や、NHKの「プロジェクトX」で有名な黒四の大町トンネルでは、わずか80 mの破砕帯を突破するのに悪戦苦闘しながら、7カ月もの期間を要したそうです。トンネル工事には、こうした有名な苦闘の物語が幾つもあります。

　過去の経験から生まれた技術により、災害発生率の低下、工期短縮、建

設コストの縮減も達成できるようになってきました。また高度技術の開発により、長大トンネルの建設も現実のものとなりました。ニューフロンティア空間として、地下空間、海洋空間などがありますが、これらの開発にはトンネル建設技術が必要で、今後さらに高度な技術が期待されることでしょう。

　本書では、トンネルに関する素朴な疑問から先端技術の問題まで取り上げ、トンネルについて総合的な理解を深めてもらうために解説は平易に、数式は最小限に抑えて、1つの質問について見開きのQ＆A形式でまとめています。内容的にはトンネルの一般的な話、建設の歴史をはじめとして、トンネルの調査・設計方法、施工方法の紹介から、トンネル建設にまつわるいろいろな問題も含めて構成されています。

　本書は土木工学の概論書である「土木工学なぜなぜおもしろ読本」（編著：大野春雄）を柱とするシリーズのひとつであり、主な読者対象に土木建設系の大学・高専・専門学校の学生の方々を想定しています。したがって、トンネル工学系科目の教科書の副読本として最適であると思います。また、トンネルに興味のある建設技術者の方々の清涼本として、電車の中や仕事の合間に気軽に読んでいただければ幸いです。

　なお、本書は2003年山海堂より発刊されたものですが、今回新たに内容を見直し、古いデータに関しては最新の情報を加えるなど加筆、訂正を行い、出版するものです。

2009年10月

監修　大　野　春　雄

目　次

1
トンネル一般

- なぜトンネルを掘るのですか？ ……………………………………2
- トンネルにはどのような種類がありますか？ ……………………4
- トンネルはなぜ丸いのですか？ ……………………………………6
- 世界一・日本一長いトンネルを教えてください。 ………………8
- 世界で最も深いトンネルはどこですか？ ………………………10
- 街の下に作られた2階建てトンネルとはどのようなものですか？
　…………………………………………………………………………12
- ユニークなトンネルの利用例はありますか？ …………………14
- 放射性廃棄物を地下にトンネルを掘って埋めるというのは
　本当ですか？ ……………………………………………………16
- トンネルと鉱山の坑道はどのような点が異なるのですか？ …18
- 鉱山の坑道を再利用しているのは本当ですか？ ………………20
- トンネルを利用した月面基地構想とはどんな内容
　だったのですか？ ………………………………………………22
- トンネルにエネルギーを貯めているのは本当ですか？ ………24
- 大深度地下とは何ですか？ ………………………………………26
- 地下河川とはどのようなものですか？ …………………………28
- トンネルの用途にはどのようなものがありますか？ …………30
- トンネルの直上部に家が建てられるのですか？ ………………32
- トンネルの上は誰の土地になりますか？ ………………………34

- 地震の時にトンネルは一般的に安全ですか？ ……………36
- 水中トンネルとはどのようなものですか？ ……………38
- 大深度地下実験場とは何ですか？ ……………………40
- NATMとは何ですか？ ……………………………………42
- 山岳トンネルを1m作るのにどれくらいの費用が
  かかるのですか？ ………………………………………44
- コラム1　日本で一番短い鉄道トンネルとは？ ………45
- トンネル掘削中に発生する有害ガスにはどのようなものが
  ありますか？ ……………………………………………46
- 揚水式発電所とはどのようなものですか？ ……………48
- コラム2　おもしろいトンネルの専門用語を
  教えてください。…………………………………………50

2
トンネルの歴史

- 世界におけるトンネル建設の歴史を教えてください。…………52
- 日本におけるトンネル建設の歴史を教えてください。…………54
- 日本初の有料道路トンネルはどのようなものでしたか？ ……56
- 東京メトロ銀座線にまぼろしの駅があるのは本当ですか？ …58
- 日本独自の音響装置である水琴窟とは何ですか？ ……………60
- シールドという発想は何から考えられたのですか？ …………62
- 難工事のトンネルにはどのようなものがありましたか？
  　　　　　　　　　　　　　　　　[その1] …………64

- 難工事のトンネルにはどのようなものがありましたか？
  　　　　　　　　　　　　　　　［その2］…………66
- コラム3　地下鉄の車両はどこから入れるの？……………67
- 関門トンネルについて教えてください。………………68
- 戦後のわが国のトンネル技術はどのように変化し
  進歩してきましたか？　…………………………………70
- 黒四「大町トンネル」について教えてください。………72
- 中山トンネルについて教えてください。………………74
- 青函トンネルについて教えてください。………………76
- 英仏海峡トンネルの歴史を教えてください。…………78
- 東京湾アクアラインはどのように作られましたか？　…………80
- コラム4　トンネルにまつわる言い伝えを教えてください。…82

3
トンネルの調査・設計

- NATMの設計における解析の方法はどのようなものが
  あるのですか？　……………………………………………84
- 最先端のトンネル設計技術を教えてください。……………86
- 切羽前方予知とは何ですか？　………………………………88
- 岩盤のキーブロックとは何ですか？　………………………90
- 地山の初期応力とは何ですか？　……………………………92
- 地山強度比と地山の安定性の関係について教えてください。…94
- トンネルの逆解析とは何ですか？　……………………………96

- 岩盤のクリープとは何ですか？ …………………………98
- 岩石と岩盤の違いを教えてください。 ………………100
- トンネルの顔となる坑門の形がいろいろあるのはなぜですか？
  …………………………102
- シールドトンネルの掘削機械にはどのようなものがありますか？
  …………………………104
- シールド機の設計はどのように行うのですか？ ………106
- TBMとは何ですか？ ……………………………………108
- 開削トンネルの構築方法を教えてください。 …………110
- 沈埋トンネルはどのように作るのですか？ ……………112
- トンネルが浮き上がることがあるのは本当ですか？ …114
- トンネルの湧水はどのように処理しているのですか？ …116
- トンネルで掘れる地盤の固さと軟らかさは
  どのくらいまで可能ですか？ …………………………118
- トンネル内の照明に黄色やオレンジ色が多いのは
  どうしてですか？ ………………………………………120
- トンネル内の設備にはどのようなものがあるのですか？ ……122
- シールド工法の地盤沈下の特徴を教えてください。 …………124
- トンネルを掘削しようとする地点の地質はどのように
  調べるのですか？ ………………………………………126
- 山岳トンネルの支保の設計はどのように行うのですか？ ……128
- トンネルのゆるみ地圧とはどのようなものですか？ …………130
- トンネルの維持管理はどのように行われているのですか？ …132
- コラム5　富士五湖をつなぐトンネルとは？ …………………134

4
トンネルの施工

- トンネルを掘ると地下水にどのような影響を
  与えるのでしょうか？ ……………………………136
- 自然や地球環境に配慮する技術にはどのようなものが
  ありますか？ ……………………………………138
- 凍結工法について教えてください。 ………………140
- トンネルの情報化施工とはどのようなものですか？ …………142
- MMST工法とは何ですか？ ……………………………144
- 古くなったトンネルを新しくする方法はありますか？ ………146
- シールド工法の自動化技術にはどのようなものがありますか？
  ……………………………148
- シールドマシンの方向制御技術にはどのようなものが
  ありますか？ ………………………………………150
- NATMの計測とはどのようなもので何のために行うのですか？
  ……………………………152
- NATMの計測の管理基準の決め方はどのようにするのですか？
  ……………………………154
- ECL工法とは何ですか？ ………………………156
- 推進工法とは何ですか？ ………………………158
- 箱型トンネル推進工法とはどのようなものですか？ …160
- 山岳トンネルの掘削工法にはどのようなものがありますか？
  ……………………………162
- トンネルの発破掘削とはどのようなものですか？ ………164

- トンネルを施工している間の換気はどのようにするのですか？
　……………………166
- 湧水が多い地山にトンネルを掘る時はどうするのですか？…168
- トンネルで使われる吹付けコンクリートとは
　どのようなものですか？………………………………170
- トンネルで使われるロックボルトとは何ですか？……………172
- トンネルを掘る時に苦労する断層破砕帯とは
　どのようなものですか？………………………………174
- トンネルを掘削する時に生じる山ハネとは
　どのようなものですか？………………………………176
- トンネルを掘る時に苦労する膨張性地山とは
　どのようなものですか？………………………………178
- 2本のトンネルを近接して掘る場合の留意点を教えてください。
　……………………180
- トンネルで使う長尺先受け工法とは何ですか？……………182
- トンネルのTWS工法とは何ですか？　………………………184
- トンネルのNTL工法とは何ですか？　………………………186
- SECコンクリートとはどのようなものですか？……………188
- トンネルで使われるケーブルボルトとはどのようなものですか？
　……………………190
- トンネルのシングルシェルとは何ですか？……………………192
- トンネルで使われる連続ベルトコンベヤ方式について
　教えてください。………………………………………194
- トンネルの割岩工法とはどのようなものですか？……………196
- トンネルのプレライニング工法とはどのようなものですか？198
- トンネルの機械掘削法にはどのようなものがありますか？…200

- トンネル覆工のコールドジョイントとは何ですか？…………202
- 地下発電所のような大空洞はどのように作るのですか？……204
- トンネルの測量を間違えて掘り進んでいくことはないのですか？
　　　　　　　　　　　　　　………………………206
- 斜坑や立坑の掘り方を教えてください。………………208
- トンネルの掘削ずりの処理方法にはどのようなものが
　ありますか？………………………………………………210
- 山岳トンネル工法とシールド工法はどう使い分けるのですか？
　　　　　　　　　　　　　………………212

　　　参 考 文 献 ……………………………214

トンネル一般

　トンネルにはどのような種類があるのでしょうか。トンネルの役割とも関連することですが、日常的によく目にする鉄道や道路のトンネルは、その最も代表的なものといえるでしょう。その一方で「あれもトンネルですか？」と言いたくなるようなものもあります。
　トンネルはどのように掘るのでしょうか？　なぜ丸いのでしょうか？　あるいは、世界で最も長いトンネルは？　深いトンネルは？　地下河川とは？　大深度地下とは？　地震時のトンネルの安全性は？……など、素朴な疑問が次々と浮かんできそうです。この章ではこれらについて解説します。

 ## なぜトンネルを掘るのですか？

　先史時代には、トンネルは厳しい気候や外敵から身を守るため、避難所や住居、墓として作られてきました。その後古代から、トンネルは地下の鉱物資源を採るために掘られたり、軍事目的で掘られたりもしました。しかし、トンネルの最も大きな役割は、地上の障害物を避け、スムーズに人や物資を輸送するための地下空間であるといえ、現代におけるトンネルの使用目的は多岐にわたっています。

　一般によく知られているトンネルの代表的な利用方法としては、鉄道、道路、上下水道などが挙げられますが、これらのほかにもさまざまな目的でトンネルが建設されています。いくつか以下に例を挙げましょう。

　まず山岳地域に注目すると、発電施設やエネルギー貯蔵施設にトンネルが使われています。発電施設として代表的なものには地下揚水式発電所があります。これは、夜間の余剰電力で水を上部ダムへ汲み上げ、昼間の電力需要の増加に合わせて上部ダムから水を落として発電するものです。トンネル構造物としては上部ダムから発電機室へ水を引く導水路トンネルと水圧管路、発電機を格納する大空洞（山梨県に建設された東京電力・葛野川発電所の場合は、高さ54 m×幅34 m×長さ210 mの卵形断面の地下空洞）、さらに発電に使った水を下部ダムへ放流する放水路トンネルなどが建設されています。また、エネルギー貯蔵施設としてすでに建設されているものには、地下石油備蓄基地があります。例えば岩手県に建設された久慈石油備蓄基地は、高さ22 m×幅18 m×長さ540 mの超大断面トンネルを10本掘り、これを巨大な原油タンクとしています。

　次に都市域に目を移してみると、現在大都市では共同溝の工事が盛んに

行われています。共同溝とは、電気、ガス、通信管路、上下水道などのライフライン系を一体化して収納したトンネルのことであり、これにより、地上から電線・電柱が撤去され、都市景観の向上が図れるだけでなく、これらの維持管理も合理的、かつ経済的に行えるメリットがあります。さらに、地下は地震に強いといわれているようにライフライン系の耐震性も向上するのです。

このほか、大雨洪水時に河川の氾濫（はんらん）を防ぐため、地下調節池もしくは地下河川と呼ぶトンネルを掘削し、そこに雨水を流入させようとする工事も進められています。

以上のように、現在ではさまざまな目的で、トンネルが建設されています。道路や鉄道についても都市の景観や環境を保全するために高架にはせず、わざわざトンネルで作る例が増えています。2000年5月に「大深度地下の公共的使用に関する特別措置法（大深度地下使用法）」が国会で可決・成立しました。これにより地下40 m以深を公共事業として利用する場合に限り、地主に対し補償する必要がなくなりました（ただし、首都圏、中部圏、近畿圏の三大都市圏が対象）。都市の防災と環境向上の観点からも今後ますますトンネル構造物の役割は増していきそうです。

トンネルにはどのような種類がありますか？

　トンネルを分類するにはいくつかの考え方があります。1つはトンネルの利用方法で分類することで、これについてはすでに「なぜトンネルを掘るのですか？」の中でトンネルのさまざまな利用方法を紹介しました。ここではほかの分類法としてトンネルの施工方法による分類を示します。
　トンネルは施工方法によって以下の4種類に大きく分類できます。
①開削（かいさく）工法によるトンネル（開削トンネル）
②シールド工法によるトンネル（シールドトンネル）
③山岳工法によるトンネル（山岳トンネル）
④沈埋（ちんまい）工法によるトンネル（沈埋トンネル）
　開削工法は、地表面から所定の深さまで地盤を掘削して、そこにトンネル構造物を構築し、その後、これを埋め戻す施工方法です。開削工法は、地下構造物を作る場合の最も一般的な施工方法であり、地表から浅い位置に作る場合のトンネル工法として頻繁に用いられてきました。しかし近年では、地上の交通に対する影響や騒音等の環境問題を回避するために、さらには、既設の地下構造物が輻輳（ふくそう）している（混み合っている）場合などには、シールド工法が採用されるケースが増えてきています。
　シールド工法は、シールドと呼ばれる鋼鉄製の円筒を地中に入れて周囲の地盤の崩壊を避けながらシールド前方の地盤の掘削を行い、次にシールドを前進させ、シールド後方では、セグメントと呼ばれる鋼製または鉄筋コンクリート製部材であるトンネルの覆工（ふっこう）を組み立てることによって、トンネル全体を構築する工法です。一般に、シールド工法は開削工法に比べて工費が割高になりますが、非常に軟弱な地盤においてもトンネルが施工

できる方法なので、上述のような開削工法の適用が困難な都市部のトンネル工事において頻繁に用いられます。

　山岳工法は、本来山岳部の比較的堅硬な岩盤の中を掘削するための工法であり、基本的には地山自体が保有する強度と支保工（構造物を作る場合に、上部や横からの荷重を支えるために用いる仮設構造物）の強度の両方で地山の自重に耐えるような考え方でトンネルを作る工法です。山岳工法はさらにいくつかの方法に分類できますが、その中で現在最も標準的な工法は、NATM（New Austrian Tunneling Method）という工法です。

　NATMは、吹付けコンクリートとロックボルト、鋼製支保工をトンネルの支保工に用いて地山を補強し、地山自身の強度によってトンネルを構築する工法です。ただし、近年ではシールド工法との費用比較から都市部の未固結地盤にもNATMが採用されることがあり、その際には施工を安全に進めるために、近年数多く開発されている補助工法がNATMに併用されています。したがって、山岳工法という名前ではありますが、都市部のトンネル工事でも適用される場面がある工法だといえます。

　沈埋トンネルは沈埋工法で作られた水底トンネルです。沈埋工法は河口や湾などの比較的浅い水底トンネルを施工する際によく採用され、あらかじめトンネル構造物（沈埋函）の一部、または全部を製作しておき、水上を曳航して所定の位置で沈め、沈埋函同士を接合してトンネルを建設する工法です。沈埋函を沈設する位置には前もって溝を掘り、沈設後は覆土してトンネルを完成させます。沈埋工法は山岳工法やシールド工法に比べ、自由な断面形状で、しかも大きなトンネルを作れることが特長です。

 # トンネルはなぜ丸いのですか？

　トンネルは列車や車が通行する目的で作られる場合が多いので、トンネル断面のスペースを有効に利用しようとする観点からは、掘削する断面積がより少なくなる四角いトンネルが経済的に有利にみえます。ところが、実際に建設されるトンネルのほとんどが、少なくとも天井部は丸い形をしています。これはなぜでしょうか。

　トンネルを掘ると、その上の土や岩盤の重さがそのトンネルを押しつぶそうとします。もしこの時、トンネルが丸くなく、四角いとしたらどうなるのか考えてみましょう。

　元来、土や岩盤は引張力に対してはあまり抵抗できない反面、圧縮力に対してはかなり抵抗できる性質があります。もしトンネルが四角ければ、その角の部分に力が集中したり、天井部がたわんで引張力による亀裂が生じたりして、その部分から土や岩盤が崩れやすくなり、最終的にトンネル全体が崩壊してしまうことが考えられます。一方、トンネルの天井部が丸ければ、土や岩盤の重さによる力は丸いトンネルの壁面に沿った圧縮力に換わり、部分的に力が集中することもなくなります。これはアーチ作用と呼ばれます。つまり、丸くトンネルを掘ることにより、アーチ作用を利用して地盤の重さを地盤自身で上手に受け止めることができ、四角く掘るより丈夫なトンネルとなるのです。

　非常に軟弱な地盤で建設されるシールドトンネルの場合では、円形に組み合わされたコンクリート製、もしくは鉄製のセグメントが、同じ原理で地盤の重さをセグメントの円周方向に作用する圧縮力に変換して支えることになります。このほか、橋やダムにも同じ原理で大きな荷重や水圧にも

耐えられるようにしている構造形式のものがあり、これらはそれぞれアーチ橋とアーチダムと呼ばれています。

　以上のように、丸い形は周囲からの圧力に対して抵抗する力が強く、力学的には理想的な形状であるといえ、土木構造物だけでなく、あらゆる人工物にはさまざまな形でこの原理が応用されています。

　すでに石器時代には地下に存在する鉱物を探すため地盤に坑道を掘っていたといわれていますが、その坑道の天井の形状はやはり円形をしていたそうです。やはり太古から丸い形は強いという原理は経験的に知られていたようです。

世界一・日本一長いトンネルを教えてください。

　ギネスブックには、あらゆる種類のトンネルの中で最も長いのは、全長169 kmもあるアメリカのニューヨークにあるウエストデラウエア水道トンネルであると記されています。直径4.1 mのトンネルを1937年から1944年までかかって建設したそうです。

　さてこの後は、鉄道（地下鉄は除く）と道路のトンネルに話題を絞ってトンネルの長さ比べをしてみましょう。2009年現在、供用中の世界最長の鉄道トンネルは青函トンネルです。全長53.9 kmのうち、23.3 kmが海底下で、海底トンネルとしても世界一。

　ところが現在、このトンネルを抜き去るさらに長い鉄道トンネルがスイスアルプスの下で施工中です。それは、ゴットハルトベーストンネルで、何と全長57 kmもあります。1999年に工事が始まり、2012年に完成予定とのことです。

　道路トンネルで世界最長は、ノルウェーのラダルトンネルです。全長は24.5 kmで2000年11月に開通しました。開通目前にはトンネルの中で結婚式も執り行われたそうです。

　なお、日本最長の道路トンネルは2009年現在、関越トンネルの11 kmですが、2013年度には首都高速中央環状線大井ジャンクションと大橋ジャンクション間のトンネルが完成し、現在供用中の山手トンネルと接続すると、このトンネルが日本最長の道路トンネルになる予定です。

　それでは、以下に世界と日本の「トンネル（施工中も含む）長さベスト10ランキング」を鉄道トンネルと道路トンネルに分けて紹介しましょう。

◆トンネルの長さベスト10ランキング

世界の鉄道トンネル(日本を除く)

	トンネル名	所在地	長さ(km)	備考
1位	ゴットハルトベース(ゴッタルドベース)	スイス	57.0	施工中
2位	ユーロ(ドーバー海峡)	イギリス・フランス	50.5	海底
3位	ロッチュベルグ	スイス	34.6	
4位	グアダラマ	スペイン	28.4	
5位	太行	中国	27.8	
6位	Pajares Base	スペイン	24.7	施工中
7位	烏鞘嶺	中国	21.1	
8位	金井	韓国	20.3	施工中
9位	シンプロン第1	スイス・イタリア	20.0	
10位	シンプロン第2	スイス・イタリア	19.8	

日本の鉄道トンネル

	トンネル名	所在路線	長さ(km)	備考
1位	青函	津軽海峡線	53.9	海底
2位	八甲田	東北新幹線	26.5	
3位	岩手一戸	東北新幹線	25.8	
4位	飯山	北陸新幹線	22.2	施工中
5位	大清水	上越新幹線	22.2	
6位	新関門	東海道・山陽新幹線	18.7	海底
7位	六甲	東海道・山陽新幹線	16.3	
8位	榛名	上越新幹線	15.4	
9位	五里ヶ峰	北陸新幹線	15.2	
10位	中山	上越新幹線	14.9	

世界の道路トンネル(日本を除く)

	トンネル名	所在地	長さ(km)	備考
1位	ラダル(ラウダール)	ノルウェー	24.5	
2位	秦嶺終南山	中国	18.0	
3位	ザンクトゴットハルト(サンゴッタルド、サンゴタール)	スイス	16.9	
4位	アールベルク	オーストリア	14.0	
5位	フレジュス	フランス・イタリア	12.9	
6位	雪山	台湾	12.9	
7位	モン・ブラン	フランス・イタリア	11.6	
8位	パリA86号	フランス	10.5	施工中
9位	グラン・サッソ	イタリア	10.2	
10位	ゼーリスベルグ	スイス	9.3	

日本の道路トンネル

	トンネル名	所在地	長さ(km)	備考
1位	関越	群馬・新潟	11.0	高速道路最長
2位	飛騨	岐阜	10.7	
3位	東京湾アクアライン	神奈川・千葉	9.5	海底、一般国道最長
4位	栗子	山形・福島	9.0	施工中
5位	恵那山	長野・岐阜	8.6	
6位	新神戸	兵庫	8.1	市町村道最長
7位	雁坂	山梨・埼玉	6.6	一般国道山岳トンネル最長
8位	肥後	熊本	6.3	
9位	加久藤	熊本・宮崎	6.2	
10位	温海	山形	6.0	

# 世界で最も深いトンネルは
どこですか？

　現在のところ、世界で最も深い交通用のトンネルは、青函トンネル（世界で最も長いトンネルでもある）といわれています。青函トンネルは、海面下約240 m、海底下約100 mの深さにトンネルが掘られています。ちなみに、青函トンネルのライバルといわれているユーロトンネル（ドーバー海峡トンネル）の場合は、海面下約140 m、海底下約100 mがトンネルの最深の位置になっています。

　それでは、鉱山の場合はどうでしょうか。鉱山では、掘削に要する労力や費用と採掘された鉱石から得られる収入が見合うのであれば、かなり深いところでも坑道を作ろうとします。世界で一番深い鉱山は、南アフリカのウエスタン・ディープ・レベルズ鉱山です。その深さは、何と約3 600 mです。この鉱山からはダイヤモンドや金など高価な鉱石が産出されるので、深い所を掘削しても、その手間に見合うだけの利益を上げることができるのです。一般に坑道の温度は深くなるに従って、高くなっていきます。この鉱山では、岩盤に水をかけて冷やしながら掘削作業を続けているとのことです。

　トンネルや鉱山などは人が入るために地中に作った穴ですが、とにかく小さくても穴と呼ばれるものの中で、世界で最も深いところまで掘られた記録のある穴は、どこの穴でしょうか？

　それは、ロシアが1970年からコラ半島で進めている地質調査のためのボーリング孔（Kola SG-3と呼ばれている）だといわれています。コラ半島は、北欧のノルウェー、フィンランド、スウェーデンがあるスカンジナビア半島の付け根付近にあり、スカンジナビア半島と逆方向の南東に突き

出してバレンツ海と白海を分けているロシア領の北極圏内に位置する半島です。当初、15 000 mの深さまで掘削することが目標でしたが、この目標に近づくにつれて岩盤が非常に硬くなり、掘削がほとんど進まなくなりました。それでも、最終的には約12 000 mの深さに達したそうです。地中の温度は11 000 mの深さで約200℃にもなっているとのことです。

　ただ、地球の直径（約12 753 km）からみれば、わずかその0.1％に相当する深さまで到達しただけです。地球の外側を覆っている地殻の厚さ（約30～40 km）と比較しても、その半分にも達していません。つまり、世界最深のコラ半島のボーリングは、地球にとって、針の先でちょっと突っついた程度のかすり傷に過ぎません。それほど「地盤」というものは、人類にとって「難しいもの」であるともいえるでしょう。

街の下に作られた2階建てトンネルとはどのようなものですか？

　首都圏中央連絡自動車道（圏央道）は、東京の中心部から約40 kmから60 km離れた位置に計画されている環状の自動車専用道路です。圏央道は鶴ヶ島ジャンクション（埼玉県鶴ヶ島市）から青梅インターチェンジ（東京都青梅市）までの区間が1996年3月に、青梅インターチェンジから日の出インターチェンジ（東京都日の出町）までの区間が2002年3月に開通しており、現在、日の出インターチェンジから先の八王子ジャンクション（仮称、東京都八王子市）までの工事が進められています。青梅インターチェンジは、青梅市の市街地の北東部に位置しているので、八王子方面へ圏央道が抜けるためには、青梅市の市街地を通過しなければなりません。地形や用地の面などから、当初よりトンネルで市街地の下を通過することで計画されましたが、騒音などの環境面や道路交通への影響を心配する行政や住民の要請と工事費用の面から、トンネルの施工法として開削トンネル工法やシールドトンネル工法でなく、山岳トンネル工法（NATM）が採用されました（4～5ページ参照）。

　このトンネルは青梅トンネルと呼ばれ、山岳トンネル工法で建設される国内初の2階建て道路トンネルといわれています。青梅トンネルの断面をイラストに示します。高さは約18～19 m、幅は約14～15 mもあり、1階部分が下り線（鶴ヶ島方面）、2階部分が上り線（八王子方面）となっています。この青梅トンネルの断面積は230 m²以上もあり、道路トンネルとしては最大級の断面積を有しています。

　青梅トンネルは地表からわずか7 m下の未固結で脆弱な砂礫層内を掘削しなければならず、しかもトンネル上部に市道・ガス管などのライフライ

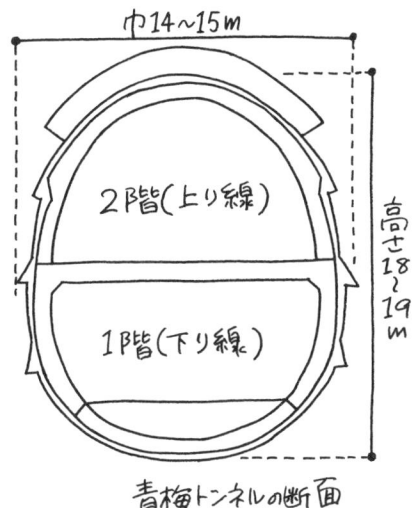

青梅トンネルの断面

ンや民家が近接しているため、これらに影響を与えないように2階建ての大断面トンネルを施工しなければならない課題を背負っていました。

このような難しい工事はどのように行われていたのかを以下に簡単に紹介しましょう。

はじめに2階部分を山岳トンネル工法で掘削します。その際、トンネルの天端沈下や地山の崩落を防止するため、あらかじめトンネル天端部分に鋼管を挿入したり、トンネルの脚部を地盤改良したりして十分補強します。次に2階部分のトンネル覆工を施工するとともに、2階部分のトンネル床版から下向きに地中へH形鋼製の仮受け杭を施工します。この杭によって2階部分のトンネルやその上の土の重さが支持されるので、1階部分も同じように山岳トンネル工法で施工します。最後に仮受け杭を撤去し、覆工を施工してトンネルを完成させるのです。

このように先手を打った沈下対策工法が採用されたため、この工事ではトンネルに近接する構造物への影響はほとんど出なかったという話です。

ユニークなトンネルの利用例はありますか？

　地盤には、熱・音を伝えにくい性質、光・紫外線・電磁波などをさえぎる性質、そして全く燃えないという性質があり、常に適度な湿り気もあります。このような地盤の特性を生かして、道路や鉄道、上下水道などの一般的なトンネルの使い方以外に、ユニークなトンネルの利用法が考えられています。以下に、構想中のものも含めてそのようなトンネルの使い方の例を紹介しましょう。

【地下水族館】岩手県久慈市に建設された地下石油備蓄基地のための作業用トンネルが、地下水族館に作り変えられています。わが国初のこの地下水族館は「もぐらんぴあ」という名前が付けられ、約200種2 000匹もの魚介類が飼育されています。「トンネル水槽」では、作業用トンネルの壁から少し離れた内側にもう1つトンネル状の透明な板を設置して、その間を水槽にしているので、見学者の頭上で魚が泳ぐのが見られます。また、「ふれあい水槽」では密閉した水槽上部の空気を減圧しているため、水が外にこぼれずに、水槽の側面から直接水の中に手を入れて魚にエサをやることができ、その不思議な感覚が人々の人気を呼んでいます。

【地下コンサートホール】北欧には地下空間を利用したさまざまな施設があります。例えば、フィンランドのプンカハリューという町にあるレトレッティアートセンターには、地下空間にコンサートホールや美術館、レストランなどが建造され、夏季だけのオープンにもかかわらず、毎年20万人もの人々が訪れているそうです。

【地下ホテル】オーストラリアの南オーストラリア州にあるクーバーペデ

ィという町には、オパール鉱山跡を利用した世界初の高級地下ホテルがあります。全50室のうち、19室が地下にあり、地下の部屋はむき出しの岩肌がそのまま壁になっています。クーバーペディは砂漠の中にある町で、夏は非常に暑く、冬もかなり冷え込むという厳しい環境ですが、地下は年中気温が25℃程度と一定であるため、とても過ごしやすく、この町ではホテルだけでなく、一般の住居や教会、レストラン、学校も地下に作られています。このほかオーストラリアのニューサウスウエールズ州にあるホワイトクリフにも同じくオパール鉱山跡の地下ホテルがあるそうです。

【地下ワイナリー（地下ワイン醸造所）】ワインを長期間保存し、熟成させるためには、温度を15℃程度に保ち、適度な湿気の下で、光や振動をできるだけ避けることが必要です。したがって、地下の環境はワインととても相性がよく、多くのワイナリーでは地下空間でワインを保存・長期熟成させています。

【山岳部における地下式清掃工場構想】自然の景観を破壊せず、周辺環境と調和できる施設として、近隣に人々が住んでいないような山岳部に地下式の清掃工場を作ろうとするアイデアがあります。現在、その実現に向けた調査・研究が進められています。

# 放射性廃棄物を地下にトンネルを掘って埋めるというのは本当ですか？

　原子力発電を行ううえで、現在の日本では核燃料はリサイクルすることが基本方針となっています。使用済み核燃料を再処理し、新たなウラン燃料を作る際には高い放射能を有する廃液が発生します。この廃液は、ステンレス容器に溶解したガラスとともに入れて固化され、より化学的に安定した形にしますが、依然として高いレベルの放射性物質であることには変わりなく、これを高レベル放射性廃棄物と呼びます。現在、高レベル放射性廃棄物は再処理施設の周辺に格納・管理されていますが、最終的には人間社会からできる限り隔離して処分されることが望まれています。

　高レベル放射性廃棄物の処分には、いくつかの方法が検討されました。その1つは、放射能レベルが十分に低下する数万年後まで地上で永久に保管する方法です。ただし、これは果たして未来の人間が代々受け継ぎながら、長期間にわたり継続して管理をし続けられるのかという点で疑問が残ります。2つ目の方法は、海洋処分、つまり深さ数千mの海洋に放射性廃棄物を投棄する方法です。実際、過去にこの方法で処分していた国もありましたが、現在では国際法上海洋での処分は禁じられています。3つ目の方法は、宇宙処分です。放射性廃棄物をロケットに積んで大気圏外へ放出しようとするものですが、ロケットが必ず安全に打ち上げられるという保証はなく、途中で爆発・落下でもしたら、その被害は計り知れないものとなります。4つ目の方法は、地中処分、すなわち地下奥深くに埋めてしまう方法です。もちろんこれにも弱点があり、何らかの原因で高レベル放射性物質が漏洩した場合に、この放射性物質が地下水の流れと共に上昇し、人間界にひょっこり顔を出す可能性も完全には否定できません。

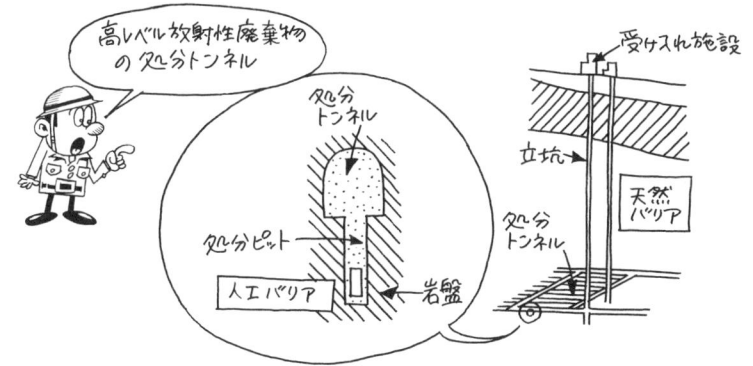

　しかし、すでに欧米各国では、この地中処分に関して地下実験施設を建設し、多角的な検討を進めています。わが国でも数百ｍから千ｍ程度の地下に多数のトンネルを掘削し、この中に高レベル放射性廃棄物を埋設することを基本的な方針として動力炉・核燃料開発事業団（現、日本原子力研究開発機構）がその可能性を検討しました。その結果、十分な調査のもとに選定された地域に、適切な方法で埋設できれば、日本でも地中処分は可能であるという報告書が1999年11月に出されるに至りました。さらに2000年6月には法律で処分事業者の設立が認められました。

　高レベル放射性廃棄物は2つのバリアで、人間界から隔離されるといわれています。その1つが人工バリアで、もう1つが天然バリアです。高レベル放射性廃棄物はトンネル内に定置され、トンネルと放射性廃棄物の間にはベントナイト（粘土の一種）が緩衝材として充填されます。このベントナイト緩衝材が人工バリアとなり、その周りを包む岩盤が天然バリアです。いずれもコンクリートや金属などと異なり、長期的な化学的性質が非常に安定しており、亀裂がない状態であれば透水性が非常に低いために、放射性物質の漏洩を防ぐには都合のよい材料であると考えられています。

　現在、高レベル放射性廃棄処分場の概念は、イラストに示すような立坑と密に配置されたパネル状の処分トンネル群で構成されています。このようなトンネルを適切に設計・施工するためには、大深度の立坑や処分トンネルを合理的に施工する技術や、トンネル周辺の地山を極力緩めずに掘削を進める技術、放射性廃棄物を設置した後のトンネルの閉鎖技術など、多くのトンネルに関する技術的課題を解決していく必要があります。

 ## トンネルと鉱山の坑道はどのような点が異なるのですか？

1998年に発生したペルーの日本大使公邸占拠・人質事件は大変衝撃的な出来事でした。この事件では、外部から公邸の地下に向けて秘密のトンネルを作り、そこから特殊部隊が突入してテロリストたちを制圧したという話が有名です。ところで、このトンネルを作ったのは、実は鉱山技術者だったそうです。ペルーは鉱物資源に恵まれ、鉱山での坑道掘削技術が進んでいるため、秘密のトンネル作りに鉱山技術者が呼ばれたのでしょう。

この話からもわかるように、鉱山の坑道と土木構造物としてのトンネルとの間には多くの技術的共通点があります。しかし実際は、両者には基本的に大きな違いがあるのです。ここでは、トンネルや地下発電所空洞などの地下土木構造物に対象を広げて、鉱山の坑道との違いを示しましょう。

まず、それぞれの建設目的に違いがあり、それに応じて土木構造物としてのトンネルと鉱山の坑道ではその寿命が大きく異なります。通常、トンネルは道路や鉄道、上下水道など人や物を移動させるための半永久的な土木構造物とすることを目的に建設されます。一方、鉱山の坑道は、山の中にある鉱床・鉱脈に物理的に近づき、そこから鉱物・鉱石を採掘して外へ運び出す手段として作られます。したがって、鉱山では鉱物・鉱石を掘り尽くすか、採掘しても採算が取れなくなれば、もはやその坑道は必要なくなるので、構造物としての供用期間は土木構造物より一般的に短いのです。このことが、両者の設計や施工に対する考え方に違いを与えます。

トンネルや地下発電所空洞は、数十年間以上使われることを前提に設計します。例えば、トンネルや地下発電所空洞の支保工は、周辺の地質状況に応じてさび止め対策が施されます。また、掘削し終わると、二次覆工と

呼ばれる厚さ数十cmのコンクリートの内壁を施工し、トンネル全体の構造が長期間の供用に耐えられるようにしています。一方、鉱山の坑道の設計は、数年間程度空洞が保持されていればよい、という考え方なので、坑道が崩れることがなければ基本的に無支保で済ませ、どうしても支保工が必要な地質でも支保工の仕様は土木構造物としてのトンネル・地下発電所空洞のそれより簡単であることが多いようです。

　施工費用の考え方にも違いがあります。土木構造物としてのトンネルでは、地質が悪くて容易に掘り進めない場合でも、トンネルの路線自体はほとんど変更できないため、多少費用がかかってもさまざまな工法を駆使して完成させなければなりません。一方鉱山の場合は、地質が悪くて掘り進むことが困難になったり、無理に掘削しても採算がとれない状態になれば、そこを放棄して別の場所で坑道を掘り始めることがよく行われるのです。

　さらに、掘削方法も違ってきます。地下発電所空洞の場合、安全に掘削を進めるために、上から順次下へ向かって掘っていくベンチカット工法が通常用いられますが、鉱山では全く逆に、下から上へ向かって掘る方法が採用されることがあります。下から上へ向かって掘れば、重力の作用で自然と岩盤が落ち、掘削費用が安くなるという理屈です。

　かつてのトンネル技術はすべて鉱山技術から発したともいわれていますが、以上のように土木構造物としてのトンネル・地下発電所空洞と鉱山の坑道の設計・施工に関する基本的な考え方には、経済性と耐久性、安全性のバランスに大きな違いがあることがわかるのです。

鉱山の坑道を再利用しているのは本当ですか？

　1960年代には日本全国に600個所以上の炭鉱や200個所以上の金属鉱山がありました。しかし現在では、石炭需要の減少と鉱物資源の減少などで、日本の大手炭鉱は北海道釧路市の釧路炭鉱（旧太平洋炭鉱）だけとなり、金属鉱山も十数個所（主なものとして北海道の豊羽鉱山〈鉛・亜鉛〉、岐阜県神岡町の神岡鉱山〈鉛・亜鉛〉、鹿児島県の菱刈鉱山〈金〉など）となってしまいました。

　閉山した鉱山の多くは、荒れるにまかせて放置されているものも多いようですが、いくつかの鉱山では、知恵を絞って再利用されているところもあるのです。最も多いのは、鉱山の旧坑道をその鉱山の歴史や採掘シーンを再現するような鉱山資料展示場などに整備し直し、観光用として再利用しているものです。このような鉱山の主な例を以下にいくつか紹介しましょう。

【細倉鉱山（鉛・亜鉛、宮城県鶯沢町）】この鉱山は1987年に閉山しましたが、現在は細倉マインパークという名前で観光化されています。

【尾去沢鉱山（銅、秋田県鹿角市）】1978年に閉山しましたが、マインランド尾去沢として1982年に整備されました。

【土肥金山（静岡県土肥町）】1965年に閉山しましたが、1972年に観光坑道として整備されました。

【足尾銅山（栃木県足尾町）】1973年に閉山しましたが、1980年に観光化されました。

【別子銅山（愛媛県新居浜市）】1973年に閉山しましたが、マイントピア別子として1991年に観光坑道化されました。

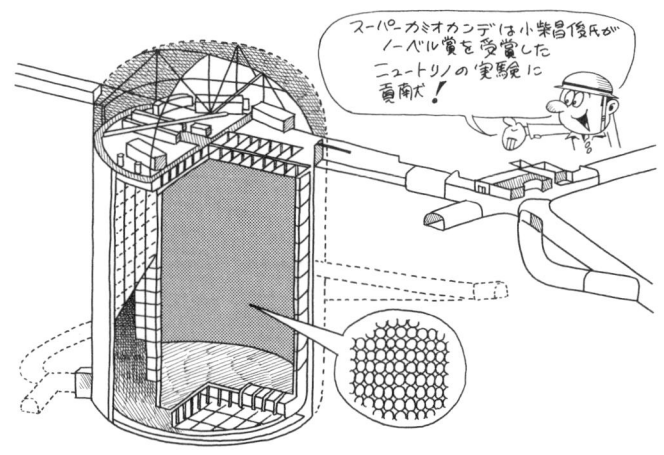

　鉱山の坑道の再利用には、観光化以外の方法はないのでしょうか。実は、最先端科学の発達に大きな役割を果たしているものもあるのです。次に、そのような鉱山の再利用事例を示しましょう。

【砂川炭鉱（北海道上砂川町）の無重量実験施設】物体が自由落下すると下向きの重力と上向きの慣性力が釣り合い、あたかも重力がないような状態になります。砂川炭鉱は1987年に閉山しましたが、残された全長710 mの立坑を利用して、自由落下実験ができる世界最大の無重量実験施設（無重力実験センター：JAMIC、2003年閉鎖）が作られました。自由落下距離は490 mであり、10秒間の無重量状態が作り出せました。1回の落下に約200万円の費用がかかったそうです。

【神岡鉱山（岐阜県飛騨市）のニュートリノ観測施設】神岡鉱山には地下1 000 mに直径40 m、高さ57.6 m円筒状空洞が建設され、その中に純水が5万トンも貯められています。この巨大な水タンクが、ニュートリノ観測装置（スーパーカミオカンデ）です。ニュートリノとは素粒子の一種で超新星爆発や核融合反応の時に発生し、ほかの宇宙線（宇宙空間に存在する高エネルギーの放射線）とともに地球に降り注いでいます。しかし、宇宙線の中でニュートリノだけは厚い岩盤を通り抜けることができ、水タンクの純水と反応して発光するので、ニュートリノだけを観測することができるわけです。ニュートリノ観測によって、星の進化や爆発といった宇宙の進化のメカニズムを探る研究が大きく発展することが期待されています。

トンネルを利用した月面基地構想とはどんな内容だったのですか？

　空に浮かんで美しく光る月。この地球から最も近い、といっても38万kmも離れた天体にトンネルを作ろうとする構想が発表されたのは、NASA（米国航空宇宙局）の主催で1988年にアメリカのヒューストンで開催された月面基地に関するシンポジウムで、発表したのは日本人研究者でした。

　月面には、もちろん空気はありません。そのうえ昼は+137℃、夜は−190℃と非常に大きな温度差があり、危険な宇宙線（高エネルギーの放射線）が降り注いでいるという、大変過酷な環境にさらされています。NASAでは、そのような場所に基地を作るとしたら、周囲に豊富に存在する月の土砂（レゴリスと呼ばれる）で基地を厚く覆い、厳しい環境を緩和するのがよいのではないかと考えられていました。

　そこで、NASDA（=〈日本の〉宇宙開発事業団）のある研究者は、このような考え方をさらに進めて、月面作業ロボットによって無人でトンネル状の月面基地を作るシナリオを上述のシンポジウムで紹介し、参加していた人々を驚かせました。そこで発表されたトンネル月面基地の作り方を簡単に紹介しましょう。

　まず、月面作業ロボットを月面に着陸させます。このロボットによって月面を地ならしし、そこに太陽電池、バッテリー、クレーン車、土木作業車などを次々と着陸させます。そして土木作業車と発破（火薬で岩石を爆破すること）によって、月面に深さ5 m、幅10 mの溝を掘り、ここに直径3 mの円筒形電熱器を降ろします。次に、この電熱器の上へ土砂を2 mの厚さで被せ、電熱で土砂を焼き固めます。さらに高温にすると、焼結した土はガラス状に融解するので、ウインチで円筒形電熱器を牽引することが

でき、トンネルの内壁の気密性も高まります。最後に、電熱器のテーパー部でトンネルを閉じるとともに、出入口や電源・通信・空調設備をロボットが取り付け、トンネル月面基地ができ上がるというものです。そして、この構想の発表当時は、2000年頃からこの無人実験を開始し、2010年頃から月面基地の運用を開始しようという計画だったのです。
　1980年代後半から1990年代前半にかけては、宇宙ビジネスがもてはやされ、建設会社も競って月面基地構想を発表していました。しかし、バブル経済が崩壊し、その後遺症からなかなか抜け出せないこともあって、建設会社の宇宙熱は急速に冷めてしまいました。また、NASAやNASDAによる宇宙開発の方向性も、月面開発よりも宇宙ステーション建設へ重心が移っているので、トンネルによる月面基地構想がいつ具体化するかは全くわかりません。しかし、何とも夢のあるトンネルの活用方法だったのではないでしょうか。

1　トンネル一般

トンネルにエネルギーを貯めているのは本当ですか？

　地下に建設されるトンネルや空洞などには、恒温、恒湿、気密（不透気性）、化学的安定、不燃、断熱、遮光、遮音、耐震、電磁波シールド、放射能遮断、高強度、高剛性などの特性があります。これらの特性を生かして、すでに鉄道トンネルや地下街をはじめ、種々の地下施設が建設され、その中には、なじみが薄いものの、エネルギー貯蔵することを目的とした地下施設も多く存在します。

　エネルギーの貯蔵方法としては、次の2つに大別されています。
①石油や天然ガスなどの燃料エネルギー資源を地下施設に貯蔵する方法
②原子力発電所などで発電された夜間の余剰電力エネルギー（電力エネルギーは貯められない）などを圧力空気エネルギー、熱エネルギー、位置エネルギー、磁気エネルギーなどの形に変換して貯蔵する方法

　以下に、各エネルギー貯蔵方法の代表的な施設を紹介しましょう。

■燃料エネルギー資源を貯蔵する施設
【石油貯蔵施設】国家石油備蓄施設として鹿児島県串木野、愛媛県菊間、岩手県久慈に大規模な地下空洞群（串木野と久慈基地では幅18 m、高さ22 m、延長555 mのトンネルが10本平行して建設されている）が掘削され、3基地だけで500万kWの石油が備蓄され、また地下水位以下に空洞を建設して地下水圧で漏油、漏気を防ぐ水封システムが採用されています。
【液化石油ガス（LPG）】LPGは圧力7気圧（水面下70 m位置での水圧）程度で液化できるので、地下水面下の岩盤に空洞を掘削し、水封システムを採用することでLPGを高圧・常温で液化貯蔵する施設が海外で多く建設されており、わが国では岡山県倉敷市と愛媛県今治市で建設中です。なお、

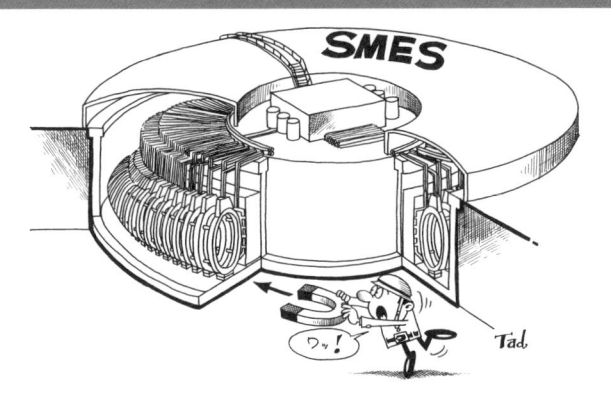

天然ガス（LNG）の岩盤貯蔵は、現在研究中です。
■電力エネルギーを他のエネルギーに変換して貯蔵する施設
【圧縮空気エネルギー貯蔵発電所（CAES）】CAES（Compressed Air Energy Storage）発電所は、夜間の余剰電力を利用して地下空洞などに圧縮空気を貯蔵することで、電力エネルギーを圧縮空気エネルギーに変換して貯蔵し、昼間にその圧縮空気を併用してガスタービンによる発電を行う発電所です。ドイツのフントルフ（29万kW）やアメリカのマッキントッシュなどで商用プラントが実用されています。わが国では、北海道砂川でパイロットプラントが建設され、実験運転が行われています。
【超電導エネルギー貯蔵（SMES）】SMES（Superconducting Magnetic Energy Storage）は、超電導材（極低温で電気抵抗がゼロになる材料）で作られたコイルに永久電流を流すことによって、電気エネルギーを磁気エネルギーの形で貯蔵しようとする電力貯蔵システムです。小型SMESは海外で実用された例がありますが、揚水式地下発電所（48ページ参照）に匹敵するような大型SMESについては、稼動時に非常に大きな電磁力が発生するので、岩盤の高強度特性を利用して、超電導コイルをリング状のトンネルの中に設置・支持する方法が構想されている段階です。
【熱水貯蔵施設】熱水貯蔵は、工場などからの排熱や夜間の余剰電力などを用いて熱水（あるいは冷水、氷）として貯蔵し、ホテル、オフィス、住宅などの冷暖房や給湯に利用し、エネルギーの利用効率を高めようとするものです。北欧などで岩盤地下空洞に熱水を貯蔵し、地域暖房に利用されている例が多いものの、わが国ではそのような利用例は見あたりません。

大深度地下とは何ですか？

　「大深度」という言葉が具体的に定義されたのは、1999年5月26日に公布された「大深度地下の公共的使用に関する特別措置法」です（以下「大深度地下使用法」）。この大深度地下使用法は、私たちが利用していない地下空間を将来にわたって適正かつ合理的に利用するために作られたものです。この法律の適用範囲は今のところ東京、大阪、名古屋の三大都市圏の道路や鉄道といった公共性の強い地下構造物を作る場合に限られています。

　大深度地下使用法の特徴のひとつとして、施行された2001年度春以降に大深度地下の開発を行う場合、原則として地上の土地所有者に対する補償が生じなくなり、また地下鉄や道路トンネルなどの線形が良くなることで、地下を最短距離で走れたり、急カーブがなくなったりするなど、トンネルが「速く、安く、安全」に掘ることができるようになりました。

　それでは「大深度」とは、地下何mのことをいうのでしょうか。大深度地下使用法では、以下に挙げたうち、いずれか深いほうの深さを「大深度」と定義しています。

①地下室建設のための利用が通常行われていない深さ（地下40m以下の地下空間）

②建築物の基礎の設置のための利用が通常行われていない深さ（支持面上面から10m下の地下空間）

　わかりやすくいうならば「大深度」とは「将来、地下開発する空間に支障となる既設の地下構造物が存在せず、さらに地下開発によって工事中や工事後にわたって地上の構造物へ影響がおよばない地下空間」のことをいいます。

次に、「大深度」にはどのような地下構造物ができるのでしょうか。現在、東京をはじめとする都市部の道路の下には、地下鉄、電気、ガス、電気通信、上下水道などの管路が混在しています。1997年度末の建設省（現在の国土交通省）の調査では、東京都区内の国道1 kmあたりに収容されている管路の埋設延長は33 kmにまで達しているという報告があり、そのため、新たに地下構造物を建設する場合には、それらを避けるために年々利用される深度が深くなってきている状況です。

そのような地下開発の状況を背景として、すでに「大深度」の空間に地下構造物ができています。例えば、1999年12月に開通した地下鉄の都営大江戸線、神田川の地下調整池、さらに大阪市梅田の地下を走る地中送電線がなどです。今後期待できる大深度の地下構造物には、リニア鉄道、中央新幹線、交通渋滞の緩和や地上の景観保護を目的とした首都高速道路などがあります。さらに、地下の特性を生かした地下工場や倉庫、研究所なども考えられるでしょう。

将来「大深度」の地下空間に大都市圏を高速でつなぐ地下鉄道や道路が整備され、それらの交通のコアとなる地下と地上を連絡する地下30階建てのターミナル基地が機能するような立体的な都市空間が実現されるのも、そう遠い話ではないでしょう。

1 トンネル一般

地下河川とはどのようなものですか？

　河川流域に発達した都市部では、道路や建築物などで地表が覆われて、雨水の地中に浸透できる面積が非常に減少しており、近年、都市部に大水害が少なからず起きるようになってきています。したがって、洪水被害を防ぐために、河川改修事業、雨水貯留施設、雨水の強制的地中浸透設備などの対策が望まれています。

　東京都では、現在、1時間あたりの降雨強度50 mmに対応した治水整備事業が進められており、今後の目標としては、1時間あたりの降雨強度75 mmに対処できることが要求されていますが、都市部では、用地問題から河川断面を拡大することが困難なこともあり、新しい形式の治水事業が求められています。そこで始まったのが、地下河川と呼ばれるもので、都市部の地下にトンネルを構築して、超過雨水を貯留して、時間差を設けて排水したり、分水したりするものです。東京では「環状7号線地下河川」、埼玉（春日部）では「首都圏外郭放水路」、横浜では「帷子川分水路」、大阪では「なにわ大放水路」、福岡では「唐人雨水幹線」などが挙げられます。

　環状7号線地下河川は、延長30 km、内径8.8 mの規模のトンネルをシールド工法により構築し、白子川、石神井川、神田川、目黒川の4水系を含む10河川の洪水を東京湾に導き、ポンプ排水するものです。帷子川分水路は、地下トンネル（NATM）と開削水路とを合わせた総延長7.5 kmを構築する治水事業であり、帷子川上流で350 m³/秒の流量を分水し、派新田間川を経て横浜港へ放流することにより、降雨強度82 mm相当の集中豪雨にも安全な流域環境を実現しています。

　唐人雨水幹線は、福岡市大濠公園付近の洪水をシールド工法で全線河川

直下に施工された延長1.5 km、内径3.5 mのトンネルに貯留し、福岡ドーム横の博多湾にポンプ排水するものです。

　これらの地下河川の特徴をまとめると、以下の通りになります。
◎河川断面を大きくできる
◎集中豪雨のような短いピーク降雨に対しては、雨水の一次貯留ができる
◎用地取得の必要がない道路直下、河川直下を利用するため、事業費が低減できる
◎地中深く設置することで、地表の構造物におよぼす影響を最小限に低減できる
◎河川をネットワーク化することで、地域的な降雨変化に効率的に対応できる
◎緊急性の高い場所から建設をはじめて、完成したところから事業を開始できるので、柔軟な事業運営が図れる

　近年、台風シーズンでなくても発生する集中豪雨により、都市部に水害が発生しており、都市の安全で快適な生活のために、地下河川を含む水害対策が急務となっています。

トンネルの用途にはどのようなものがありますか？

　トンネルは、その施工法によって構造も変化しますが、基本的にはその使用目的によって、内空断面の形状が異なります。

【鉄道トンネル】新幹線、在来線鉄道、地下鉄などの列車を走行させるトンネルのこと。トンネル内には列車走行スペース（建築限界）に加えて、軌道、保守用通路、電車線、信号・通信、照明、排水設備などが設けられています。列車の走行性能から、縦断勾配は緩やかなので、鉄道トンネルは道路トンネルよりも長くなりがちです。

【道路トンネル】通常は、2車線トンネルが一般的で、対面交通にすることが多いですが、トンネルを併設して、一方向交通とすることも多くなっています。トンネル内には、車両走行スペース（建築限界）に加えて、舗装、排水設備、照明設備などが設けられ、トンネル延長が長くなると、換気設備も設けられ、排気ガスの滞留防止と見通しの確保とが図られます。また、自動車火災に対する設備として、緊急連絡設備、警報システム、消火などの防災設備が重要となります。

【上水道トンネル】上水道トンネルは、一般に小断面で距離が長いため、琵琶湖疎水トンネルのように、山間部や丘陵部などに古くから建設されたものがあります。

【下水道トンネルおよび地下河川】下水道トンネルは、都市部の比較的浅い位置に設けられるため、開削工法により建設されることが多く、地盤が軟弱で深度が大きくなると、シールド工法により建設されます。近年、都市部の洪水対策として、地下河川を作り、分水路機能に加えて、雨水貯留によるピーク流量低減に寄与しています。

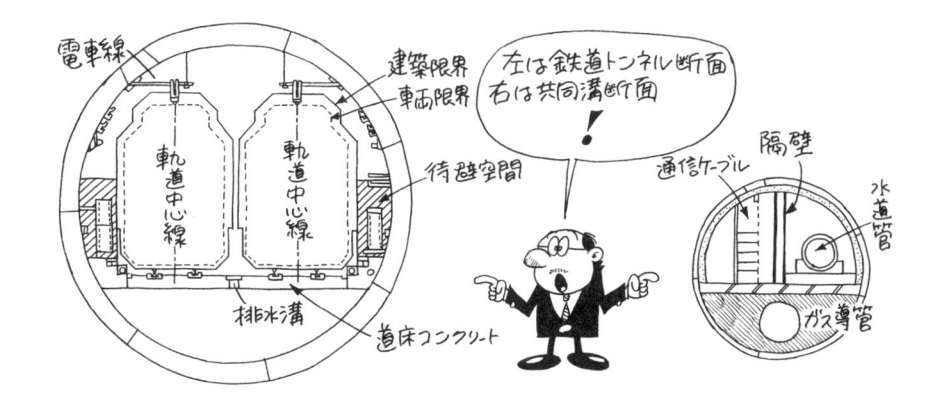

【電力（通信）】洞道式と管路式があり、洞道式は収容電線と水冷管（収容通信ケーブル）、照明、排水設備、および点検通路からなり、管路式は収容電線（収容通信ケーブル）とそのケースからなっています。
【ガス】直接管路のみを埋設する方式と点検通路方式があり、後者の場合は、照明、排水などの付帯設備と点検・作業用通路で構成されています。
【地下街】人道トンネルとは、歩行者の安全確保のために設けられるトンネルですが、この代表は地下街でしょう。建築物の地下部分に接続する場合が多く、照明、換気、防災など人間の居住性が第一となります。北欧では岩盤内に空洞を設けて、核シェルター兼用の地下街が数多くあります。

　また、そのほかに以下のものが挙げられます。
【水力発電用トンネル】水路トンネル、維持管理用道路トンネルなどは、先に紹介しましたが、代表的なものは地下発電所となる大空洞でしょう。大型の発電機械を収めるため、距離は短いけれど、幅広く、高さのあるトンネルになります。
【共同溝】都市の上下水道、電力、通信、ガスなどを一緒に収めるトンネルです。
【放射性廃棄物処分】現在、放射性廃棄物を地中深くに処分する研究が進んでいます（16〜17ページ参照）。
【石油地下備蓄】石油を備蓄するための地下大空洞のこと。

トンネルの直上部に家が建てられるのですか？

　この問いの答えには「技術的に建てられるのか」といった"技術面の問題"と、トンネル直上部の用地問題に関係する"法律面の問題"があります。

　まず、技術的な問題として、地下のトンネルに影響しなければ、家は建てられます。ここで検討しなければならないのは、家を建てる地表面からトンネル上部までの離れ（専門的には"土かぶり"）が少ない場合です。この場合、家の重さがトンネルまで影響することが考えられ、他の問題として、トンネルが地下鉄トンネルなどであれば、電車の騒音や振動が地上の家まで伝わることも考えなければなりません。

　それでは、具体的にどの程度の土かぶりがあれば家は建てられるのでしょうか。トンネルへの影響について考えれば、地上の建物の重さや支持している地盤の種類によって違ってきますが、経験的には、トンネルの直径と比較するならば安全側をみて直径の1.5～2倍以上の土かぶり厚を設ければよいとされています。

　次に法律面の問題ですが、これを考えるうえで「トンネルの上はいったい誰の土地なのか」という疑問が生じます。この答えは、トンネル直上部の土地はトンネルがあっても地表の土地所有者のものです。そのため、トンネルを作る企業者側が、設計段階で土地所有者に対してトンネル直上部の使用権をまっとうできる荷重制限を設けているので、建物がその荷重制限内ならば、企業者側にとって、土地所有者に対する補償は生じません。しかし、土地所有者が直上部の土地に制限荷重以上の建物を建てるとなると、企業者側へトンネルがあることで建物が建てられないことに対する正

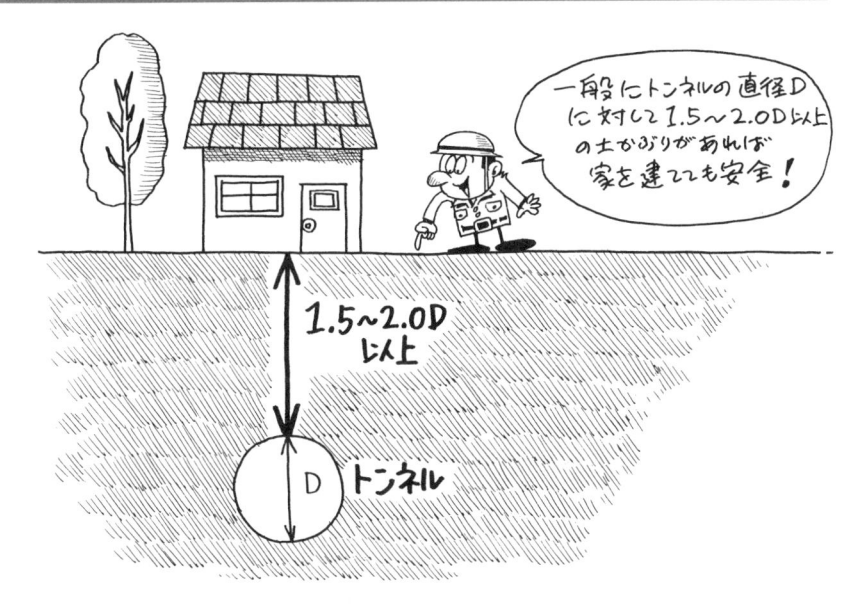

一般にトンネルの直径Dに対して1.5〜2.0D以上の土かぶりがあれば家を建てても安全！

1.5〜2.0D以上

D トンネル

　当な補償を請求できるのです。
　さて、この問題の逆の場合はどうなるでしょうか。つまり「家が建っている直下部をトンネルは掘れるのか」といった問題です。この場合の"技術面の問題"として、例えば精密機械工場や実験施設などのように、地上構造物の用途によっては、直下部のトンネル掘削により、その建物を数mmも沈下できない場合があります。この難問に対処する技術として、トンネルを掘る前に次の掘削範囲を事前に支えて掘削する工法が考えられます。また、トンネル内への湧水を許さず周辺の地下水位を低下させない掘削工法も開発されています。具体的な工法として、前者はトンネル掘削の補助工法である「先受け工法」、後者は「シールド工法」などが挙げられます。また、両者に有効な工法として、地盤中にセメントミルクや水ガラスなどを注入して地盤の強度増加や止水性を期待する薬液注入工法もあります。
　"法律面の問題"としては、公共用地と民有地では扱い方が違うものの、基本的には、トンネルを作る企業者側が直上の土地所有者に対して"正当な補償"を支払って掘ることができます。この問題については次ページの「トンネルの上は誰の土地になりますか？」の項で詳しく解説します。

トンネルの上は誰の土地になりますか？

　現在、トンネルなどの地下構造物の上には、民家やビルが建ち、道路や鉄道が走っています。このような現状から判断して、地下にどのような構造物があろうとも地上の土地には所有権が存在していることになります。

　それでは、いったいトンネルの上は誰の土地なのでしょうか。日本の現行では、民法第207条により「土地の所有権は、その土地の上下に及ぶ」と規定されています。いわゆる「上は天空まで、地下は地球の裏側まで」ということです。さらに、土地の所有権が地下まで存在していることで、憲法第29条の「私有財産の保護」の規定からトンネルなどの地下構造物を掘る場合にも地上の土地所有者へ「正当な補償」が必要となります。

　以上をまとめると、この質問の答えは「日本国では、トンネルの上は土地所有者のもので、その土地の地下を利用するためには"正当な補償"が必要となる」です。ただし、この「正当な補償」に対し、公共用地と民有地では考え方が違ってきます。

　公共用地では「公物管理法」が適用され、一般的には地下構造物の直上の土地に対して占用許可を受けることで補償は生じません。一方、民有地では「土地収用法」により土地の利用が妨げられる程度に応じて補償が生じます。特に、東京をはじめとする大都市では、地価が高いため、地下を利用することで多額の補償を要求されることもあります。というのも、長期間地下を使用する場合は「公共用地の取得にともなう損失補償要綱」などにより、以下の式で補償額が決定されるからです。

　◎補償額＝土地の正常な取引金額×立体利用阻害率

　ここでいう「立体利用阻害率」とは建築物としての利用に対する阻害率

のことです。東京のような都市部では、この値が約40％にまで達している土地も存在します。また、山間部にトンネルを掘る例を挙げると、トンネルの入口部（トンネル坑口部）や地表面からトンネル上部までの離れ（土かぶり厚）が小さい土地は、購入して所有権を取得し、その他の関連した土地については、土かぶり厚を基準として、浅ければ土地所有者などの権利者の承諾を得て、区分地上権を取得したり、深くなれば使用賃借で対応したりしています。

　現行の法律では、土地所有者が通常利用しない深い地下でも、なにがしかの補償が生じることが今までの説明でおわかりでしょうが、このような制度では、将来、特に都市部での地下開発を円滑に行ううえで、高額な補償や工事の長期化を招く恐れがあります。

　この問題については、2001年春に「大深度地下の公共的使用に関する特別措置法」が施行され、この法律の中で"大深度"と定義された地下空間を利用する場合、原則としてトンネルを作る企業者側は、直上の土地所有権を無補償で取得することができるようになりました。ただし、事前に影響があると判断された場合は除きます。例えば、大深度の工事によって地下水位を低下し、井戸水が枯渇する恐れがある場合や、温泉が枯渇し、温泉宿が営業できなくなる恐れがある場合には、事前に補償が生じます。なお、この大深度に関する法律については、26ページを参照してください。

1　トンネル一般

地震の時にトンネルは一般的に安全ですか？

　橋梁など地上に建設された構造物と地下構造物であるトンネルとでは、地震時の揺れ方が大きく異なります。

　地上の構造物は構造物自体がもっている振動のタイミングと、入力地震動（構造物に作用する地震動）のタイミングが一致し、構造物にエネルギーがどんどん蓄えられていく「共振現象」によって、地面の2倍以上の揺れを示すことが珍しくありません。一方、トンネルでは、トンネル建設時に排出された土の重さを考慮すると、周辺の地盤よりトンネル部分が軽くなること、また土が地中構造物の共振を抑え込む（減衰させる）働きをすることから、地震時にトンネル自身の共振が支配的となることはほとんどなく、トンネルは周辺の地盤とほぼ同じ動き方をします。

　したがって、地震によってトンネルに加わる力は、地上の構造物ほど大幅には増えず、被害の程度も一般的に小さいといえます。ただし、一口にトンネルといっても、開削トンネル、シールドトンネル、山岳トンネルといった構造形式によって被害の様子は異なります。

　地下鉄の駅や地下街・共同溝等に採用される開削トンネルでは、地震動が増幅される地表面付近に作られることが多く、その断面形状も円形ではなく、長方形や正方形など地盤の動きに合わせて、せん断変形しやすいため、地震時にはしばしば壁や柱に被害を受けます。耐震性能上、これらの部材のねばりは重要であり、ねばりが乏しくわずかな変形で破壊して鉛直荷重を支えられなくなる場合、トンネルの崩壊と地面の陥没という大被害に結びつくことがあります。1995年の阪神淡路大震災において、地下鉄の駅舎がこのタイプの被害を受けたのはその一例です。

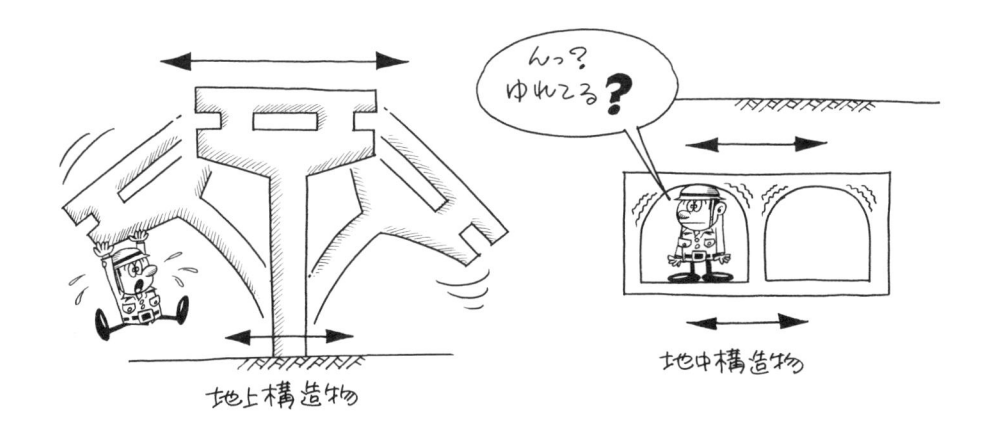

シールドトンネルは、一般に開削トンネルより深い場所に建設されるため地震時の地盤変形が少なく、また断面が円形であり、変形に強いことから、開削トンネルのような大被害を被ることはほとんどありません。過去の地震における被害例としては、内部の二次覆工コンクリートにひび割れが入り、地下水が漏れ出す程度のものがほとんどです。

　山岳トンネルは、さらに堅固な地盤に建設されるため、たとえ至近距離で大きな地震が発生しても一般的に被害は軽微であり、覆工コンクリートにクラックが入ったり一部が剥落する程度でしょう。しかし、地山条件が悪い坑口部や断層付近、あるいは膨張性地山や破砕帯が出現する区間では、トンネルに大きな変状が発生することがあります。1978年の伊豆大島近海地震で鉄道のトンネルにこのタイプの被害が発生し、断層付近で覆工コンクリートの崩壊や軌道の座屈（長い棒や薄い板に対して縦方向に加えた圧力がある限界値に達すると、横方向に変形を起こす現象）が生じています。

　なお、これらの被害を防ぐ方法として、従来は部材を頑丈にして「耐震構造」とする方法が一般的でしたが、最近では地盤との間に緩衝材を入れたり、柱に特殊な装置を取り付けるなどして、作用する地震力自体を減らす「免震構造」とする試みが行われています。

1　トンネル一般

水中トンネルとはどのようなものですか？

　橋梁や従来形式のトンネルは自然地形や地質に大きく影響を受け、船舶航行を考慮したクリアランス（橋桁下の自由な空間）の大きい橋梁や、深い海底を通るトンネルでは、本体建設費だけでなく、橋やトンネルにたどりつくまでの施設建設費用も莫大で、工期も長くなってしまいます。

　そこで構想されているのが、水中トンネルと呼ばれるものです。これは沈埋トンネル工法から発展したもので、深い海峡部などにも採用でき、また、橋梁やトンネルの抱えている問題点を解決する新しい手段のひとつである大水深海域にも対応する技術です。

　ただし、水中トンネルで大水深海域を長距離横断するときに、自動車を走行させるには、大掛かりな換気設備を要し、割高となるので、自動車を積載するカートレインやリニアモーターカーなどの新交通システムの採用が望まれます。しかしながら、短距離横断の場合には、適切な断面設計により自動車用トンネルとしても利用できる可能性があります。

　水中トンネルには、トンネルに作用する浮力よりも、総重量の軽いトンネルを海底部に固定したアンカー（いかり）からケーブルで係留するものと、浮力よりも総重量が重くなるものとがあり、後者の場合、海底からトンネルを支持する架台が必要となります。

　沈埋トンネルは、覆土により浮力に対抗するため、地中構造物となり、波や潮流、河川では流れの影響を受けませんが、水中トンネルは、海中に露出した状態で設置されるため、波や流れの影響を受けるとともに、地震時の挙動が地中と水中とでは、異なることが予想されます。したがって、水中のトンネルの実用にあたっては、波や流れに対する解析や設計検討、

地震時の挙動解析に関する研究・開発、実構造物では、係留ケーブルと固定アンカーなどの研究開発が望まれています。
　現時点での構想によると、トンネル本体は沈埋函（ちんまいかん）と同様に、多数の鋼殻（こうかく）鉄筋コンクリートのエレメントを接合するものです。エレメントは、高水圧に耐えるとともに、潮流に対して抵抗が少ない楕円形（だえんけい）が想定されています。その建設方法は、大水深で急潮流という厳しい自然条件下での施工となるので、迅速、確実に施工できることを考慮してプレハブ工法とするのが良いようです。その手順は、陸上で製作された鋼製架台を現地まで曳航・沈設し、打設した支持杭と架台に固定します。続いて、陸上で製作された鋼殻鉄筋コンクリートエレメントを曳航・沈設し、水圧により各エレメントを接合してトンネルを構築していきます。
　水中トンネルは、いまだ世界でも事例がないものの、ノルウェーのフィヨルド地域で検討されているとのことです。いずれにしても、実現に向けての新技術の開発が不可欠であり、今後の研究開発の進展が望まれます。

大深度地下実験場とは何ですか？

　現在、地下実験場といわれる施設はいろいろな場所にいろいろな目的で作られています。例えば、日本では、長野市などにある地震観測施設、北海道の砂川市や岐阜県の土岐市にある無重力状態の模擬実験施設、岐阜県神岡町の宇宙素粒子観測施設、茨城県つくば市の高エネルギー粒子加速器研究場、岐阜県土岐市の東濃鉱山跡地を利用した深部の地下水の流れなどを観測する実験場、神奈川県相模原市郊外にある都市部での地下開発を目的とした地下空間利用実験場、また海外では、アメリカのネバダ州にある地下核実験場や、主に地下水の流れを観測しているスイスのグリムゼル地下研究施設などが挙げられます。

　それらの中でも日本で有名な地下実験場は、岐阜県の宇宙素粒子観測のためのスーパーカミオカンデと、神奈川県の都市部における大深度地下開発を目的として作られた地下空間利用実験場が挙げられるでしょう。

　前者のスーパーカミオカンデは超新星や太陽からのニュートリノの観測、陽子崩壊現象の研究を実施している施設で、その地下空洞の形状は直径40m、高さ57.6mの大きな円筒ドーム型をしています（21ページ参照）。

　後者の地下空間利用実験場は、首都圏の南西部に広く分布している地層（上総層群）を対象とした経済的な地下空洞の掘削方法の実証実験や、地下深部を開発することによる地下水環境変化の長期観測、さらに地下空間での植物育成実験などを実施しています。その地下空洞の大きさは、縦6m×横10mの矩形（長方形）断面の立坑が深度50mまで掘られ、その立坑の下部から最大の断面で幅8m、高さ8mをもつ馬蹄形断面トンネルが北西方向に30m伸びています。そして、このトンネル内で植物育成実験

や地下での換気や、地下への採光の実験などさまざまな地下利用の研究が現在も行われています。

　今まで、地下実験場について概略を述べてきましたが、その中で"大深度地下実験場"といわれる施設とは何かについてはっきりした定義はされていません。2001年4月に施行された大深度法案の中で定義された「大深度」が適用される都市部に位置し、さらに深さも40 m以深ともなれば、上述の神奈川県相模原市郊外に作った地下空間利用実験場が「大深度地下実験場」と呼べるのかもしれません。したがって、この施設を利用した実験の成果は、将来の大深度地下開発に有効なものになることはいうまでもありません。今後、この実験施設の利用方法としては地下構造物の維持管理方法や、地下防災実験、地下での人間の心理的な実験などが考えられます。

　あたり前の話ですが、地下はコンクリートや鋼材のような人工的に作られたものではなく、40数億年の自然の営みで形成されたものです。そのため人間の想像をはるかに超えており、いまだ知られていない問題もまだまだ存在します。今後、大深度地下実験場に期待されることは、大深度での未解明な問題を究明していくことはもちろんのこと、まだわかっていない大深度での問題点を見つけ出すことでしょう。

1　トンネル一般

NATMとは何ですか？

　NATMとは、New Austrian Tunnelling Methodの頭文字を取った略称で、1950～1960年代のヨーロッパで急速に発達した、トンネルの安定に関する理論のことをいいます。

　NATMを定義づけると「トンネル周辺の地山の挙動に着目し、地山が有している支保能力を積極的に利用して、より合理的な設計施工をしようとするもの」ということができます。

　日本では、昭和40年代の後半からこのNATMが理論として主流となってきました。この理論を基礎として、吹付けコンクリートや、ロックボルト（172ページ参照）を主な支保としたトンネルの掘削方法をNATM工法と呼んでいます。

　それまでは、矢板工法と呼ばれる掘削方法が主流でした。この矢板工法はトンネルの掘削によって生じた地山の荷重を、トンネルの内側に設ける鋼製支保工や矢板（土留め壁として鋼製支保工の地山側に設けるもので主として松矢板が使われた）、覆工コンクリートで支持しようというものでした。したがって、トンネルの坑口付近や、膨圧性地山、断層破砕帯地山などで、大きな荷重に耐え得るだけの支保や覆工コンクリートを設計することになり、かなり不経済なものだったといえます。

　それに対してNATMは、矢板工法での考え方として、トンネルの外から押し出そうとする荷重であった岩盤を、トンネルを支保するもののひとつとして評価するものです。トンネルの支保や、周辺の地山には〈地山の単位体積重量×土かぶり分〉だけの大きな荷重が働いているはずですが、土かぶりの大きな山の深いところにあるトンネルや空洞に作用する力はそ

れほど大きくはなく、実際に支保工に作用する力はそれよりはるかに小さなものとなります。極端なことをいえば、強い力を持った岩盤の中にトンネルを掘った場合にはトンネルの支保工には全く力が作用せず、大きな空洞自体が安定していることもあります。これはトンネルや空洞の周りの地山が、荷重の大部分を負担しているからです。

　支保工の分担する荷重の割合は、地山の剛性と支保工の剛性の比、および支保工を建て込む前に地山がすでに変形してしまう量によって決まります。

山岳トンネルを1m作るのにどれくらいの費用がかかるのですか？

　トンネルはその用途が、道路、鉄道、水路、発電所等、多くの目的のために作られます。それぞれの用途によって、その構造物としてのスタイルが少しずつ異なります。したがって、一概にトンネルの工事費を論じることはできません。そこで、ここでは最も用途として多いものとして、道路トンネルの工事費を例に挙げて調べてみることにしましょう。

　まず、工事費というのはどのような費用が積み重なって構成されているのかを理解する必要があります。そこで、右上のイラストを見てください。これは国土交通省が体系化したものですが、各企業、あるいは施工者によって若干違いがあります。

　これらの費用が組み合わさって工事費を作っていますが、工事目的物を作るために直接投入された費用、すなわち直接工事費と、工事目的物として引き渡すものではない仮設や、現場の管理費などの間接工事費との2つの要素が、工事費の基本をなしています。

　土木の構造物は工場の製品と違って、どれをとってみても全く同じ物はあり得ません。したがって、厳密には全く同じ工事費のトンネルは、存在しないことになります。基本となる直接工事費は、掘削工、吹付け工、ロックボルト工、ずり処理工、排水工、二次覆工等の工種ごとの費用が積算されたものとなります。つまり、地山条件が異なれば、掘削の進行や、支保の構造が異なるため、工事費用も変わってきます。約80 m^2 の2車線道路トンネルを1m作るのに必要な標準的な工事費としては、地盤が硬く支保が少ない場合で約170万円、逆に地盤が軟らかく支保が多く必要な場合は300万円ほどかかります。これには用地の費用や、設計費用、大規模な

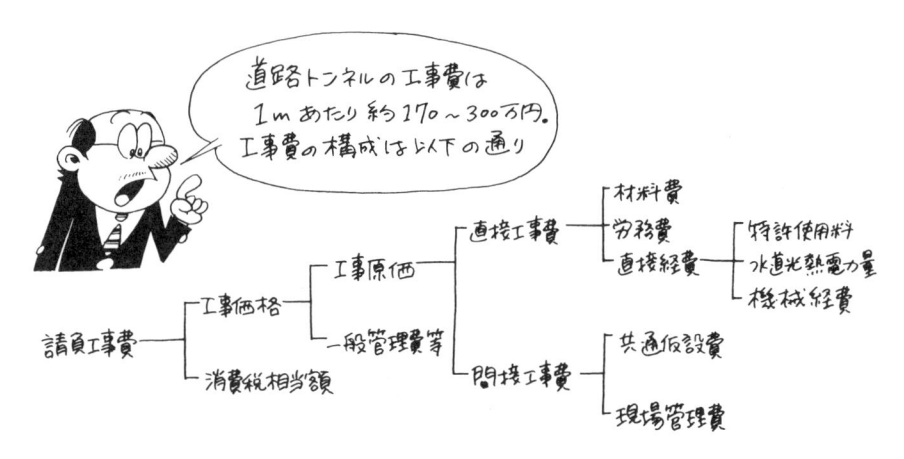

（道路トンネルの工事費は1mあたり約170〜300万円。工事費の構成は以下の通り）

請負工事費
├ 工事価格
│　├ 工事原価
│　│　├ 直接工事費
│　│　│　├ 材料費
│　│　│　├ 労務費
│　│　│　└ 直接経費
│　│　│　　　├ 特許使用料
│　│　│　　　├ 水道光熱電力量
│　│　│　　　└ 機械経費
│　│　└ 一般管理費等
│　└ 間接工事費
│　　　├ 共通仮設費
│　　　└ 現場管理費
└ 消費税相当額

補助工法（薬液注入や長尺先受け工法など）などは含まれていません。

コラム─1　　★日本で一番短い鉄道トンネルとは？

　ＪＲ吾妻線（群馬県）の樽沢（たるさわ）トンネル（岩島駅〜川原温泉駅間）は、長さがわずか7.2mしかなく、日本で一番短い鉄道トンネルといわれています。1945年、今の時代なら全部岩を取り除いてしまうような山の際に樽沢トンネルが作られました。太平洋戦争末期の物資不足で、広範囲に岩を取り除く工法が採用できなかったのかも知れません。このトンネルは、八ツ場（やんば）ダム工事に伴う路線付替えにより、用途が廃止予定となっていました。しかし、2009年9月の政権交代によってダム工事自体が中止される可能性があるため、現段階（2009年10月）では、このトンネルの運命も不透明のままです。

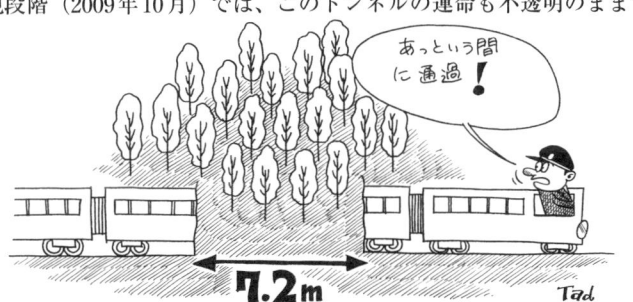

（あっという間に通過！　7.2m）

1　トンネル一般

トンネル掘削中に発生する有害ガスにはどのようなものがありますか？

　トンネル掘削中に、地山から発生する恐れのある人体に有害なガスには、酸欠空気、炭酸ガス等のほか、メタンガス等の可燃性ガス、一酸化炭素、亜硫酸ガス、酸化窒素等があります。これらのガスは、地山中の亀裂や空隙に貯えられていて、トンネルの掘削によって自由面に湧出してきたり、時として突出してきたりします。

　これらのガスのうち、かつて大爆発を起こし、多数の人命を奪ったメタンガスについて説明しましょう。メタンガスは新潟県から山形県、秋田県にかけての日本海側の油田ガスや北海道や常磐（じょうばん）、北九州等の炭鉱地帯の炭田ガス、湖沼において堆積した有機物が腐敗して発生する水溶性ガス等に含まれています。メタンガスは無味、無臭、無色で有毒性はないものの、空気に対する比重が0.55と軽いので非常に確認が難しいといえます。

　そして、メタンガスの怖いところは、大爆発を起こすことです。メタンガス自体は可燃性であり、濃度が5〜15％で酸素濃度が12〜21％であると、火源があれば爆発を起こします。そして、濃度が9.5％前後で最も爆発力が強いことがわかっています。このメタンガスによる災害を防ぐための方法としては、まず周辺の過去のガス発生状況を調べることが必要です。

　もし、その恐れがあれば、ボーリング等によってガスの種類や量をしっかり把握することです。実際の工事にあたって最も大切なことは、十分な換気を行い、爆発しない程度の濃度に薄めてしまうことです。しかし万一ということもあるので、火源を坑内に持ち込まないことが基本です。坑内で電気溶接やガス切断などの作業を行う時は、すべて許可制にし、作業前にガス測定し、消火器を配備し、換気を十分行うことです。換気設備を十

分にしても爆発濃度に達する恐れがある場合には、坑内で使用する機械や設備、すなわち掘削機械から照明に至るまで、すべてを防爆型のものにする必要があります。

　次に自噴する温泉が近くにあるような地域では、火山性ガスの発生する恐れがあります。この場合も、事前にボーリングを行い、熱水、地熱の温度、ガスの種類、量等を調査して知っておくことが大切です。代表的な火山性ガスである硫化水素は、空気に対する比重は1.2程度で有毒です。労働安全衛生法では10 ppm以下に保つよう決められているので、十分な換気をすることが大切です。その他、酸素欠乏空気は4％程度の濃度の空気を吸い込むと、一瞬のうちに死に至るので、これも換気が最も重要です。

　以上のように有害ガスの存在を事前に調査し、その恐れがある場合には十分な知識を持ったうえで、換気や防爆対策を検討することが必要です。

揚水式発電所とはどのようなものですか？

　揚水式発電とは、水力発電の方法のひとつです。水力発電の仕組みから簡単に説明しましょう。水が高い所から低い所へ落ちる時になす仕事量を水力といい、この高さや水量が大きいほど仕事量も増大します。この水力を利用して発電するものが水力発電です。水力発電の方法には、流下する河川の水の勢いを利用して貯水池や調整池等を設けて発電する一般的なものと、揚水式とがあります。

　この揚水式発電は、火力あるいは原子力発電の余剰電力を深夜などの軽負荷時に、揚水用のエネルギーとして利用し、下部ダムの貯留水を上部ダムに揚水しておき、昼間の重負荷時にその水を下部ダムに落とすことによって水車を回して発電するものです。

　したがって、エネルギー開発というよりはコンデンサー（必要な時に電気をとり出せるようにした蓄電器）的な意味を持っているものです。

　この揚水式発電には、純揚水式と混合揚水式の2つの方式があります。純揚水式の場合、夜は下部ダムの水を上部ダムに揚水し、昼は逆に上部ダムの水を下部ダムに落下させるもので、同じ貯留水を上げ下げします。通常の場合は、下部ダムは河川の源流部付近に設けられ、何カ月もかけて湛水（貯水）します。一方、混合揚水式のほうは上部ダムに河川からの水の供給があり、一般水力と揚水式水力を合わせた形式であるといえます。

　揚水式の場合は、上下部のダムと落差が確保できれば立地として成り立つので、大規模地点が一般式よりも得やすいという利点があります。

　さて、この揚水式発電所の第1号は、1892年に運転を開始したスイスのレター発電所だといわれています。日本では1934年に小口川第3、池尻川

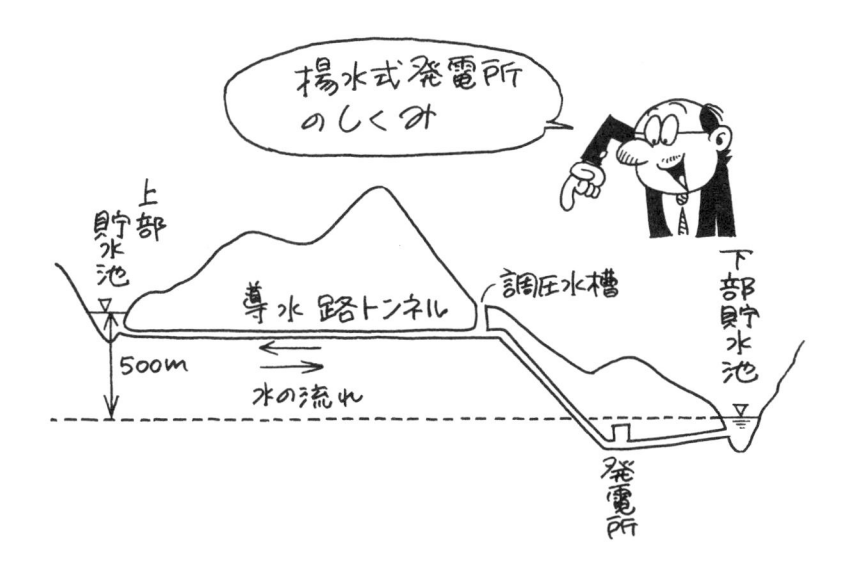

発電所が運転を開始しました。その後、各電力会社がいろいろな地点に純揚水式発電所を建設しました。盛んに開発されるようになった大きな理由としては、①電力需要が増大したこと、②負荷変動に対する即応性が高いこと、③他の電源と比較してkWあたりの建設コストが安いこと、④深夜など軽負荷時に発電を止めることができない火力、原子力発電の比率が増えたこと等が挙げられます。

　わかりやすい例でいうと、とても暑い夏の一日を思い浮かべてみてください。そして、その日は甲子園球場で高校野球の決勝戦が行われています。そうなれば当然、エアコンとテレビの使用によって、電力消費量が一挙にピークに跳ね上がっていきます。そのような時、ピーク電力を想定して、火力や原子力などの発電を構えていたのでは、大きなムダが出てしまいます。その時に不足分の電力を補ってくれるのが、揚水式発電なのです。

コラム―2　★おもしろいトンネルの専門用語を教えてください。

【明(あ)かり工事】トンネルに対して外の仕事を明かり工事といいます。
【当り取り】特に発破掘削で設計断面を侵して、出っ張った邪魔な岩を取ること。
【あとむき】トンネル坑内の最前部にあたる切羽(きりは)以外の場所を指し、インバート（トンネル底面の逆アーチに仕上げられた覆工の部分。覆工コンクリートを閉合して沈下、変状を防止する効果がある）工事や二次覆工工事などのこと。
【鏡】トンネル切羽の最前部のことで、鏡が立つとか、鏡を補強する、というように使います。
【加背(かせわ)割り】トンネルを安全に掘るための断面の大きさや場所を決めることで、昔は大きなトンネル断面ではたくさんの加背（掘削断面）に割って掘っていました。
【土平(どべら)】トンネルの側壁部分のこと。
【大背(おおぜ)】トンネル下半部の中央部のこと。
【あんこ】発破（爆薬を用いた掘削）の込め物のことで、穿孔した穴の奥にダイナマイト等を入れて、これが発破で飛び出ないようにあんこを詰めます。
【きゅうれん】発破の穴を穿孔する時に出る石の粉や、石ころをかき出すための耳かき状の器具のこと。
【くり粉】穿孔した時に出る岩石の粉。
【こそく】発破の後、緩んでいる表面の石（浮き石）を落として安全な状態にすること。
【縫い地】崩壊性地山を矢板工法で支保しながら掘削する時、掘削に先立って矢板を打ち込んでいきます。このことを地山を縫うといい、その方法を縫い地といいます。
【踏まえ】トンネル断面の一番下の部分。
【普請】支保工を建てることを普請といいます。したがって支保工がないことは無普請といいます。無普請の山は非常に堅硬なよい山です。
【ダボ】トンネル坑内測量の基準点で、通常路盤面に穴を掘って、木片をコンクリートで固め、木片の表面に釘を打って中心点、高さ基準点を設けます。場合によっては天ダボといって、トンネルの天井にこのダボを設けることもあります。

トンネルの歴史

　世界最古のトンネルは5 000年以上前にイラン高原で作られたカナートと呼ばれるかんがい用水路だそうです。江戸時代には、約30年かかって、144 mの長さを掘った大分県の青の洞門が有名です。また、わが国の近代トンネル建設のあけぼのである丹那トンネル（東海道線）の苦闘の記録もあります。
　このような世界のトンネル建設の歴史、日本のトンネル建設の歴史をはじめとして、トンネル建設の難工事のことや、トンネル技術の変遷について解説します。

世界におけるトンネル建設の歴史を教えてください。

　世界最古のトンネルといわれているのは、5000年以上も前にイラン高原で作られたカナートと呼ばれるかんがい用水路です。20〜30mおきに縦穴を掘り、これらを地中で水平につなぐことで20km以上にわたるトンネルを作ったのです。今ではイランに約5万本もカナートがあるそうです。

　交通用として掘られたトンネルの中で、記録に残る世界で最も古いものは紀元前2200年頃、バビロニア（現在のイラクにあたるメソポタミア南部、チグリス川・ユーフラテス川下流地方の古名）の古代バビロンのセミラミス女王の統治下で、ユーフラテス川の下を横断して作られた幅4.5m、高さ3.6m、長さ910mのトンネルといわれています。王宮と神殿を結ぶ地下通路として作られたこのトンネルは、まず川をせき止めて流れを変え、川底を掘削した後、レンガをアーチ型に組んでトンネル壁を作り、これを埋め戻して川の流れを元に戻すという手順、すなわち開削工法で作られました。防水材にはアスファルトまで使用されていたようで、これらの史実をみると、実はこれが初めての交通用のトンネルではなく、すでに当時の人々は高度なトンネル技術を蓄積していたことが推察されるのです。

　その後のトンネル技術は、測量法の発達により、トンネルの両側の坑口（こうぐち）から掘削する方法が考案されたこと以外、あまり大きな変化はないようでした。それでも紀元前700年頃にはメソポタミア北部・アッシリア帝国の首都ニネベに水路トンネルが完成し、イスラエルのエルサレムでもヒゼキア王が水路トンネル（540m）を作り上げました。それから100年ほど遅れて、ギリシャのサモス島でも水路トンネル（1.5km）が作られました。

　ローマ時代（紀元前30年頃〜395年）に入ると、軍用路、水路などの多

くのトンネルが作られるようになりました。その頃の岩盤の掘削方法はノミやハンマーを用いた人力に頼るものでしたが、ノミの刃がたたない硬い岩では、焚き火で切羽（トンネルの最前部）を熱し、水をかけて岩盤を急に冷やしてひびを入れ、岩盤を崩しやすくする方法も用いられました。

　時代は飛びますが、14世紀になって黒色火薬が発明され、フランスのランゲドック運河のトンネル（1679年完成）に用いられました。また1818年にはイギリスのブルネルによってシールド工法が発明されました。木製の船底に穴を開けるフナクイ虫の生態からヒントを得て、シールド工法を考案したそうです。その後ブルネルは病気になり、息子が後を引き継ぎ、ロンドンにあるテームズ川の横断トンネル（1841年完成）の建設にシールド工法を使いました。この時のシールド断面は四角い形をしていました。

　1866年にはノーベルがダイナマイトを発明しました。ダイナマイトは黒色火薬に比べ、爆破威力は強大でしかも爆発時に有毒ガスが発生しないので、その後の山岳トンネル掘削の強力な武器になりました。続いて圧縮空気を用いたエアドリルによる掘削機械がイタリアで発明され、これらの新技術を用いて1872年のモンスニトンネルを皮切りにザンクトゴットハルト（サンゴタール）トンネル（1882年）、アールベルクトンネル（1884年）、シンプロントンネル（1906年）、レッチベルクトンネル（1913年）など、ヨーロッパアルプスを貫くトンネルを次々と完成させました。

　アメリカのトンネル建設の歴史はヨーロッパよりやや遅れていましたが1910年にデトロイトに完成したミシガン・セントラルトンネルは世界初の沈埋工法を用いた鉄道トンネルとして知られています。

日本におけるトンネル建設の歴史を教えてください。

　日本では、西暦82年、景行天皇が九州地方を征伐した際に敵が立てこもる洞窟に対して外部からトンネルを掘って攻めた、という記述が『日本書紀』にあり、これが記録に残されている国内最古のトンネルと考えられています。

　ただし、ヨーロッパや中近東では、紀元前に建設されたトンネルでさえも遺跡として多数現存していますが、日本には江戸時代よりも古い時代のトンネルが遺跡として残っているという例はないようです。

　それでも江戸時代に入れば、かんがいや利水のための水路トンネルが数多く作られました。例えば1632年には、金沢城と兼六園へ水を通すための辰巳（たつみ）用水が着工され、翌年完成したといわれています。さらに1666年から1670年にかけて、箱根・芦ノ湖の水を静岡県側の裾野の村々まで引くために、外輪山（がいりんざん）の下に水路トンネルが作られました。このトンネルは箱根用水と呼ばれ、長さは約1,780mもあり、江戸時代に作られた本格的なトンネルの中では最長のものになります。このトンネルの掘削には火薬は使われず、火やノミ、ツルハシだけが使われました。

　このほか、江戸時代のトンネルとしては、1764年に完成した大分県下毛（しもげ）郡本耶馬溪町（ほんやばけい）の「青の洞門」が有名です。禅海和尚が近隣の石工らとともに約30年かかって長さ144mのトンネルをノミと槌だけで掘ったといわれています。

　明治時代になり、わが国初の鉄道トンネル「石屋川（いしやがわ）トンネル」（大阪〜神戸間）が1870年（明治3年）に開通しました。石屋川トンネルの長さは、わずか61mですが、外国人の指導のもと、天井川（川底が周囲の地盤面

より高い川）を開削し、レンガを巻き立てた後、埋め戻してトンネルが作られました。

　1880年（明治13年）、日本人技術者の手によって旧東海道本線の京都〜大津間に、日本で初めて本格的な山岳工法で掘削された鉄道トンネルとなる「旧逢坂山トンネル」（665 m）が開通しました。そしてこれに続いて、1884年（明治17年）には、長浜〜敦賀間に延長1 352 mの「柳ヶ瀬トンネル」が完成しました。旧逢坂山トンネルではノミとツルハシによる手掘りを主体とした掘削工法が採用されていましたが、柳ヶ瀬トンネル以降は、削岩機やダイナマイト、コンプレッサー、三角測量技術などが西洋から順次導入され、トンネル技術は確実に進歩し始めました。

　1902年（明治35年）には「笹子トンネル」（中央本線の笹子〜甲斐大和間、延長4 656 m）が完成しました。笹子トンネルの建設にあたっては、ずり（破砕された岩）の運搬に牛馬だけでなく、トロリー電気機関車が使用されたこと、地質調査が実施されたこと、坑内に電話が設置されたこと、坑内の明かりに従来のカンテラではなく電灯が使われたことなど、当時の多くの新技術が使われ、日本の長大トンネル建設技術の基礎が築かれたのです。そして、東海道線の熱海〜函南間に、16年間（1918〜1934年、大正7〜昭和9年）もかけて作られた「丹那トンネル」（7 840 m）は、木製支保工だけでなく、シールド工法やセメントミルク注入工法なども採用され、わが国の近代トンネル建設のあけぼのと呼ばれています。

日本初の有料道路トンネルはどのようなものでしたか？

　記録に残されている最も古い有料道路トンネルは、前項でも紹介した大分県下毛郡本耶馬溪町にある「青の洞門」といわれています。
　大分県北部の景勝地として有名な耶馬溪の山国川右岸にあるこの「青の洞門」は越後・高田出身の禅海という和尚さんが、近在の村人や石工の協力で約30年間の歳月を使い、1750年に人力だけで完成させた長さ144 m、高さ3 m、幅2.7mのトンネルです。火薬も機械もない時代に、ノミと槌だけで少しずつ岩盤を人力でくり抜いたという事実には本当に驚かされますが、人々はこのように苦労してでき上がった青の洞門を通るたびに通行料金を支払ったと伝えられています。一説によると、料金は、人＝4文、牛馬＝8文とのことでした。禅海和尚は、徴収した通行料を資金に、少しずつトンネルを拡大していったといわれています。そして1767年、禅海和尚は青の洞門の近くに真如庵という庵を建てて住み、1774年に88歳で没しました。その遺産（銀二貫目、畑一町余）は全て羅漢寺（青の洞門から車で約10分のところにある全国の羅漢寺の本山）へ寄付したと伝えられています。
　青の洞門は作家・菊池寛の『恩讐の彼方に』(1919年に中央公論で発表された短編小説)によって紹介されたことで、一般に広く知れわたるようになりました。
　それでは、一般に伝えられている、禅海和尚がここにトンネルを作るまでの話を以下に紹介しましょう。
　禅海和尚は、諸国行脚の途中でこの耶馬溪に立ち寄りました。山国川近くの「青」という場所の辺りはよく増水し、川そばを通る道は「鎖渡し

と呼ばれる難所でした。ここを通る人や馬がよく川へ転落し、しばしば命を落とすことを知った禅海和尚は、この地に新たな洞門を作り、村人が遭難を恐れず安全なルートで近隣の村へ行き来できるようにしようと決意しました。そして、禅海和尚は近隣の村人の協力を仰ぎながら30年もの年月を経て、ようやく洞門を完成させることができたのです。洞門のところどころに明かり取りの窓があり、今でもノミの跡が荒々しくついている青の洞門の壁面を見ると、禅海和尚の岩をも穿つ一念がしのばれます。

　現在、青の洞門周辺は遊歩道が整備され、紅葉が非常にきれいな場所として秋には多くの人が訪れる観光地になっています。1999年には切手の図柄にもなりました。

東京メトロ銀座線にまぼろしの駅があるのは本当ですか？

　東京メトロ銀座線の虎ノ門駅から上野方面に向かうと、新橋駅のやや手前に左カーブがあります。このカーブを曲がらずに、もしまっすぐ進むことができたら、あなたはまぼろしの新橋駅に着くことができるのです。
　実は、まぼろしの新橋駅とは今から約60年以上前の1939年（昭和14年）に東京高速鉄道という地下鉄会社が作った、現在は引き込み線の代わりに使われている新橋駅のことなのです。ただし残念ながら、今は一般の人が入ることはできません。それでは、このまぼろしの駅ができた経緯について少しお話しましょう。
　東京メトロ銀座線は、早川徳次氏が社長をしていた東京地下鉄道という会社が、1925年（大正14年）に浅草～上野間の2.2 kmを着工し、1927年（昭和2年）12月に開通させた日本で最も古い地下鉄です。東京地下鉄道はその後、上野から新橋方面へ地下鉄を延ばそうと考え、1934年（昭和9年）には上野～新橋間も完成させました。
　一方、五島慶太（元東急電鉄会長）氏が社長をしていた東京高速鉄道は当時、渋谷から銀座・日本橋方面に地下鉄を建設しようとしていました。そして、東京高速鉄道の新橋駅は1939年（昭和14年）に完成し、両方の地下鉄路線が新橋でぶつかり合うことになりました。この頃、五島氏は東京地下鉄道の株を買い占めてこの会社の経営権を脅かし、結局早川氏はこの業界から去ることになりました。そして、東京高速鉄道の新橋駅は1939年9月まで使われ、その後は東京地下鉄道の新橋駅だけが銀座線の乗降駅として使われるようになったのです。
　そのような経営権争いがあった銀座線ですが、戦争が近づいた1941年

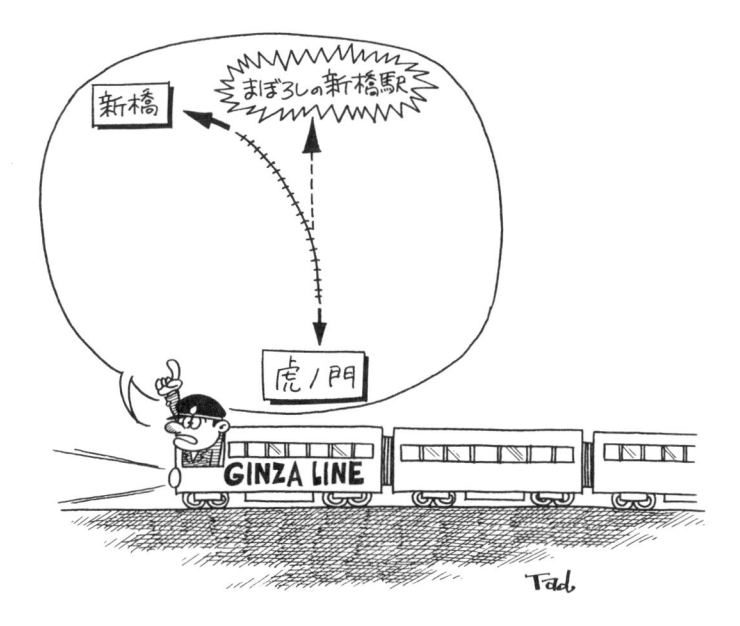

（昭和16年）には国策で帝都高速度交通営団（営団地下鉄）が設立され、結局は東京地下鉄道の浅草～新橋間と東京高速鉄道の渋谷～新橋間の2路線は営団地下鉄に経営権が引き継がれたのでした。その後、2004年（平成16年）に東京地下鉄（株）、通称東京メトロが設立されました。

　現在の新橋駅は、ホームの両サイドに線路がある「島式」の駅ですが、東京高速鉄道の新橋駅は、ホームとホームが向かい合った「対面式」の駅です。作った会社によってホームの構造が違うことは大変興味深いことです。また、まぼろしの新橋駅ホームの壁には、今でも「橋新」と逆から書かれた駅名表示のタイルが残されていて、当時の駅の雰囲気がかすかに感じられるようです。

　ちなみに、東京メトロ銀座線は既設の道路に沿って、開削工法によって作られています。そして人力中心にもかかわらず、浅草～上野の2.2kmのトンネルをわずか2年程で完成させています。現在、都心部で同じような開削トンネルを作ったら、さらに工期がかかるといわれています。それだけ当時はトンネルを作るための障害物（水道・ガス管などのライフライン、周辺建物、地上の交通）が少なく、地下が複雑化していなかったのでしょう。

日本独自の音響装置である水琴窟とは何ですか？

　トンネルや洞窟の天井から水滴がポタリと落ち、その音が周囲に響き渡る、まさに、この原理を使った日本独特の音響装置が「水琴窟(すいきんくつ)」です。

　これは、地中に甕(かめ)などを埋めてその中を空洞にし、日本庭園などに面した茶室や書院の縁側にある手洗い水などの排水を利用して、空洞の中へ滴り落ちる水滴の音を聞くもので、音が中で反響して琴のような音色を奏でることから、水琴窟と呼ばれるようになりました。水琴窟の構造の例をイラストに示します。

　水琴窟は、江戸時代中期から庭師によって作りはじめられたといわれています。かつては「洞水門」とも呼ばれ、日本庭園構築技法のうちでも、かなり高度な技が必要だったことから、庭師の秘伝として伝えられてきています。

　水琴窟の甕は水滴の音色に大きな影響を与え、かつては素焼きの甕が使われていましたが、明治以降は釉薬(ゆうやく)のかかった瓶を使うのが一般的になりました。通常、甕の大きさは高さ30～60cm、直径は30～50cm程度です。大きい甕は大きく低い音が、小さい甕は小さく高い音がします。ただし、あまりに大きい甕を埋めると、反響した音が外に届きにくくなってしまいます。ひびやキズが甕にあれば、音は濁ってしまいますが、釉薬のかかった甕は高く澄んだ音色を響かせます。また、素焼きの甕でも、内面がざらざらしているため、適当な大きさの水滴が付着しやすく、さらに地中では周辺の土の湿気を吸って甕の中を適度な湿度に保つため、水琴窟の甕としては最良の音を出すといわれています。

　近年、各地の日本庭園で水琴窟が新たに作られている例もあるようなの

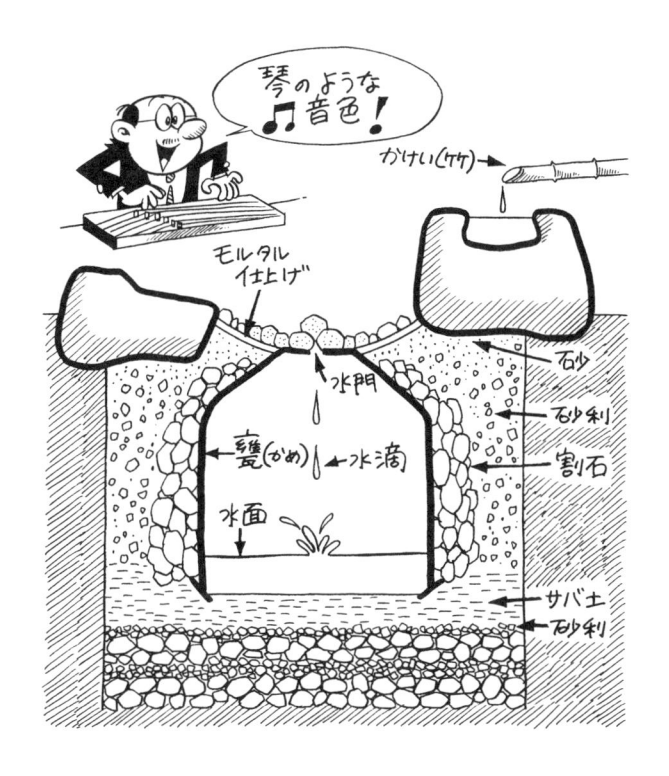

で、みなさんの住んでいる町のそばにもあるかもしれません。自分で探してみてはいかがでしょうか。

　さてここでは、環境省が1996年に「日本の音風景100選」で認定した2つの水琴窟を紹介しましょう。
【水琴亭の水琴窟】
　群馬県吉井町の高崎芸術短期大学中山キャンパスに作られた日本庭園の中にあります。
【卯建（うだつ）の町の水琴窟】
　岐阜県美濃市の現在歴史資料館となっている「旧今井家住宅」の中庭にあります。

2　トンネルの歴史

シールドという発想は何から考えられたのですか？

　19世紀初め、ロンドンのテムズ川の下に水底トンネルを作るため、多くの苦闘が繰り返されていました。このトンネルが実現すれば、毎日4 000人の渡し舟利用者と2マイル離れたロンドン橋まで回り道しなければならない馬車や荷車に、画期的な利便性をもたらすものの、当時のトンネル技術では困難を極め、失敗を重ねるばかりだったのです。

　1824年、マーク・イサンバード・ブルネル（1769―1849）は、この水底トンネルプロジェクトに参加しました。古くはフランス海軍の将校であったブルネルは、フランス革命が勃発した時、有名な王党派であり、革命後は故国を去ってアメリカへ渡りました。さらに1799年にイギリスへ渡り、すぐに造船技師として名を上げたのです。実は、19世紀初めからブルネルは水底トンネルを掘る技術に興味を持って、研究を続けていたからです。

　ある日、造船所の中を歩いている時、一片の古い船材が目に留まりました。木材の害虫であるフナクイ虫によって、線状の空洞が空けられていたのです。そこからトンネルを連想したブルネルは、フナクイ虫について熱心に調査するようになりました。

　その調査の結果、この虫が船材のように海水に浸かっている木材を食べること、さらに虫の穴開け器官は強力で、カシやチークのような硬い木でも奥深くトンネルを掘り進めることができることがわかりました。

　フナクイ虫は軟体と比較して非常に小さい2枚の殻で体を守っていて、虫と呼ばれてはいますが、実は2枚貝の一種です。2つの殻は、ふちがギザギザの大工用のノミに似ています。フナクイ虫は、吸盤状の足で体を木に固定して穴を掘りはじめ、次にノミに似た殻のふちを前後にゆり動かし

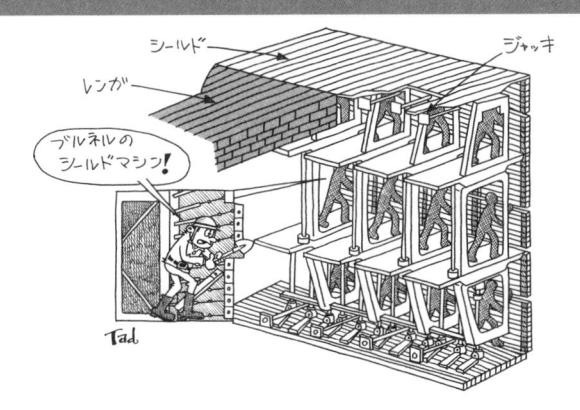

て、木を削り進みます。削った木粉は、体の中に飲み込まれ、消化管を通って反対側に達する間に、ある程度、消化、吸収されるのです。

またフナクイ虫は、木の中を削り進む時、一種の液体を出し、掘り進んだ空洞表面に塗りつけられ、丈夫な膜になります。

最終的に、ブルネルはフナクイ虫の主な特徴を3つ発見しました。
①丈夫な殻で体を保護
②穴を掘り進むにつれて、削った木を後方へ送り出す
③新しく掘った穴はすぐ膜張りして、穴が崩れないように補強する

そこで、ブルネルは、以上の要求を満たすようなトンネル掘削機械を設計しました。フナクイ虫の殻の代わりに、完成断面のトンネルとほぼ同じ高さと幅をもつ大きな鉄のシールド（楯）を作ったのです。このシールドは、円形ではなく、12個の矩形鋳鉄製枠を組み合わせたもので、1個の枠は高さ6.5 m、幅0.9 m、長さ1.8 mで、総重量90 t、断面積80 m^{2}のシールドは煉瓦積みの覆工に反力を取りながら、スクリュージャッキで推進するようになっていました。1個の枠は、3階建ての小部屋になっていて、合計36個の小部屋は坑夫1人が作業を行える大きさでした。

掘進は、まず人力で3インチ掘削し、他の坑夫が後方に土砂を搬出し、さらに、前方の地山に板を張って土留めし、ジャッキで3インチ押し進めます。そして後方に露出した地山に覆工として煉瓦を積む、以上の繰り返し作業は、現在のシールド工法の原形といえるものです。

トンネル建設は困難を極め、2度にわたる上部地盤の崩壊とトンネルの一部水没が起きましたが、ついにトンネルは1841年に完成しました。

難工事のトンネルにはどのようなものがありましたか？［その1］

①【高熱の地山、熱水を伴ったトンネル工事】

　高熱の地山を掘ったトンネルとしては、関西電力の黒部第三発電所のトンネル工事があります。これは吉村昭氏の小説『高熱隧道』として紹介されました。その後、施工された新黒部川第三発電所のトンネル工事では、岩盤温度が最高175℃にも達したと記録されています。最近では、長野県と岐阜県を結ぶ安房トンネルがこれにあたります。このトンネルは、今でも水蒸気の白煙を上げている焼岳に近く、火山性ガスや73℃の熱水が噴出しました。

②【膨張性地山におけるトンネル工事】

　膨張性地山で膨圧が発生する原因としては①吸水膨張、②強度のない地山の土かぶり圧による塑性化※、③潜在応力の解放等が考えられます。膨張する恐れがある地質と、その代表的なトンネルを挙げてみましょう。

　新第三紀層の泥岩、凝灰岩地山で大変形が生じたトンネルは北陸本線・頸城トンネル、北越本線・鍋立山トンネルが有名です。蛇紋岩地山では、函館本線・神居トンネル、富内線・日振トンネル、外房線・峰岡トンネルが有名です。破砕された片岩の地山では、予讃線・夜昼トンネル、国道42号線・藤代トンネル、断層粘土地山では、青函トンネル、北越北線・赤倉トンネル、温泉余土地山では、丹那トンネル、伊東線・宇佐美トンネル等が有名です。以上の中でも特に難工事であった鍋立山では、当初ショートベンチ掘削工法（上部半断面と下部半断面に2分割して掘進する工法）を基本としていたのですが、この時に上半インバートで1mにおよぶ盤ぶくれが発生しています。そして、工法変更した中央導坑でも切羽の

鏡（50ページ・コラム2参照）が3mも押し出されたことがあります。
③【高圧、多量湧水地山におけるトンネル工事】
　山岳の岩盤地山のトンネルで、断層破砕帯の背面に帯水していた大量の水が、トンネル掘削により遮水層を破って突出してくるものや、連続した地下水の流路をトンネル掘削で破ってしまったために大量の水が突出してくるものがあります。前者で有名なものは国道土湯（つちゆ）トンネルで大量の水が突出し、多くの水抜き坑が掘られ、多くの水抜きボーリングが行われました。後者は筆者が従事していた中部電力奥美濃水力発電所の現場で経験したものですが、45°の斜坑をレイズクライマー（小断面の立坑や斜坑を下から掘り上がる時の足場で、ガイドレールより吊り下げられて移動する設備）で切り上がっていた途中で3 t/分の突発湧水に見舞われ、掘削不能となったために、その地点から約150 m下位の地点に水抜き坑を掘削し、水抜き坑に4 MPaの被圧された20 t/分もの水を集めることに成功し、斜坑の水を抜いた例があります。このように山の水全体を抜くなどということは不可能なので、施工できる程度の水位に下げるようにします。
　※塑性化……固形に作用する外力がある限度を超えた時、外力の作用によって受けた変形が外力を除去することにより、完全に原型に戻らず、残留変形が生ずる性質となること

難工事のトンネルにはどのようなものがありましたか？ [その2]

前の質問に引き続いての第2弾です。

④【土かぶりの薄い未固結地山におけるトンネル工事】
　最近都市域の土砂地山でもNATMでトンネルを構築する例が多くなっていますが、土砂地山にNATMで本格的に挑戦しはじめたのは、昭和50年代の日本鉄道建設公団（現・(独)鉄道建設・運輸施設整備支援機構）の鹿島線・大貫トンネル、成田新幹線（当時の名称）・堀之内トンネル、取香トンネル、北総線・栗山トンネル、日本国有鉄道（現・JR）の成田新幹線のトンネル工事からでした。これらのトンネルの地質は洪積砂層であり、砂が乾燥し、含水比が下がると、さらさらと崩れ、水が多くなれば流砂を起こすという厄介なものです。
　筆者はこれらのトンネルのうち、取香トンネルと栗山トンネルの工事に従事していましたが、栗山トンネルでは$80 \sim 90$ m^{2}のトンネルの上半を12分割して、少しずつ掘っては支保をしたものでした。鏡の自立や、切羽の安定はまさに時間との戦いで、解放したらすぐに閉合する、というのが鉄則です。

⑤【山はねの起こったトンネル工事】
　岩盤内に貯えられた大きなエネルギーが、トンネルの掘削によって解放されると、トンネルの壁面や、切羽面の岩片が飛び出すことがあります。これが「山はね」といわれる現象です。この現象は、土かぶりの大きな堅硬な岩盤で、湧水がないところで発生しています。
　代表的な例としては、上越新幹線の大清水トンネルや、関越自動車道の関越トンネル、国道140号線の雁坂トンネル等があります。

コラム―3 　　　★地下鉄の車両はどこから入れるの？

　かつて「地下鉄の電車はどこから入れるのかなぁ？　それを考えると夜も眠れなくなっちゃう！」という漫才のネタがありました。実際にはどこからどう入れるのでしょうか。
　実は、地下鉄の車両をトンネルの中に入れる方法は何種類かあるそうです。例えば現在、東京では多くの地下鉄路線は地上のＪＲやその他の私鉄と相互乗り入れになっており、この線路を使って地下に車両を引き入れることができます。また、そのような相互乗り入れのない路線（東京メトロ銀座線や丸ノ内線など）でも、地上部に車両基地があるので、そこから地下に引き入れることができます。
　それでは地下鉄の部分開通時や車両基地が地下にしかないなど、地上から容易に車両を引き入れることができない場合には、どうするのでしょうか。かつてはトンネルの天井にわざわざ穴を開け、地上からクレーンを使って車両を線路へ吊り降ろして、また蓋をするという荒技を使っていたこともあったようです。現在は、地下の車両基地のうえにあらかじめ立坑を作り、そこから車両を吊り降ろすのだそうです。

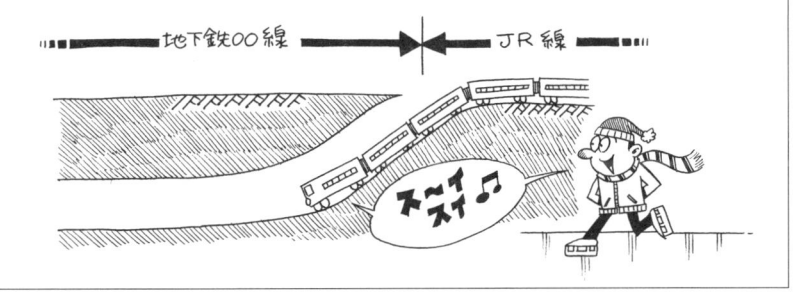

2　トンネルの歴史

関門トンネルについて教えてください。

　京都から下関までは、1901年に山陽鉄道が開通し、門司から九州各地へは九州鉄道が延びていました。ところが、下関と門司の間は関門海峡で寸断されており、乗客や貨物は、いったん連絡船に乗せかえる必要がありました。この貨物の積みかえの費用は、相当な額となっていました。このような人間や貨物の移動時間の短縮や、コストの低減を目的として、1907年に初代鉄道院総裁であった後藤新平が、関門海峡の早鞆の瀬戸に橋を架けて本州と九州を鉄道でつなぐことを思いつきました。その後、いろいろと検討された結果、軍事的にも経済的にも有利な方法として、トンネルの建設が決められました。

　1919年に初めてボーリングによって地質調査がなされましたが、1923年に起こった関東大震災などの影響を受け、しばらくの間、このプロジェクトは凍結されましたが、1936年に国家予算に組み入れられました。

　関門トンネルは海底下に鉄道を走らせるトンネルを作るという、今までにない工事であったため、すべてのことが初体験でした。まず直径が2.5 mの先進導坑が海底下50 mに延長1 322 m掘削されました。この海峡には太古の昔の地殻変動による断層が存在していることがわかっていました。この地質不良部にトンネルが入ったとたん、大量の異常出水に見舞われました。何度も切羽が崩壊し、何度も危険な目に遭いながら、この先進導坑は1939年に約2年半の歳月を経て貫通し、本州と九州が結ばれました。

　そして、この先進導坑の施工で得られた貴重なデータを使って、本坑の施工方法が何回も議論されました。

　下関側からは、普通の発破工法による山岳トンネル工法で掘られました

が、海峡中央部は地質が不良で、湧水が多いことがわかっていたので、セメントを先進導坑から注入しながら、トンネルの周辺地山を固めて掘削されました。このように先進導坑は事前の地質などの調査以外にも、作業坑として有効に使われました。

　門司側からの施工方法は、その極端な地山条件の悪さから、普通の山岳トンネル工法では無理と判断され、日本で初めてシールド工法が採用されました。国産第1号シールドマシーンは、直径約7.2 m、長さ約5.8 mの鋼製の殻の中に2段の作業床を設けたもので、この作業床の上で坑夫が手掘り掘削をしました。先述のように大量の湧水があったため、圧気をかけた状態の中での作業でした。この圧気は電気で圧縮空気を作り出して作業地点に送気していたのですが、停電でこれが止まったり、ルーズな貝殻層に空気が漏気したりと、何度も危険な目に遭い、大変な苦労が続きました。そして、1941年7月10日、世界で初めての海底鉄道トンネル、関門トンネルの下り線延長3 614 mが貫通し、1942年11月15日、下関から関門トンネルを通って門司に一番列車が走りました。

戦後のわが国のトンネル技術はどのように変化し進歩してきましたか？

　日本のトンネル建設技術の近代化は、第二次世界大戦後、さまざまな文化や技術の導入とともに進みはじめました。1945～1960年の間は、木製支保工で地山を押さえながらトンネルを掘っていました。次の1960～1980年は、この支保工が鋼アーチ支保工といって、H鋼を加工したものとなりましたが、この支保工と支保工の間で地山を押さえているものは木矢板でした。そして1980年以降は現在のNATMによる支保の時代となってきました。

　この支保工の材質なり、支保理論というものを比較してみると、トンネルの施工技術全体が大きく変わってきたことがわかります。木製支保工の時代は、木製支保工を組み立てながら、切羽で掘削断面に合わせて加工しつつ組んだわけですから、高度な匠の技術なのですが、支保工の強度という面では極めて小さいために、大きなトンネル断面を一挙に支えることは不可能でした。したがって、最初は小さな断面で掘削し、木製支保工を入れて、必要な所はコンクリートで巻いて、そこから順次、左右、上下に切り広げていき、所定の大きな断面に仕上げていったものです。ですから、主な機械といっても人間が持って使う範囲のもので、人力が主体でした。

　ところが鋼アーチ支保工が出てくると、支保工の強度が飛躍的に高まったため、50 m^{2}くらいの断面ならば一挙に支えてしまうことが可能となりました。つまり、新幹線断面なら、上半分（上半断面）を先行し、続いて下半分（下半断面）を掘ることによって、大きな断面とすることが可能となりました。それと同時に大型機械が登場してきました。

　しかし、まだこの時代の考え方は鋼アーチ支保工を下半からコンクリー

トで支えるというものでしたから、二次覆工のコンクリートは今よりも厚く、上半と下半で分けて打設するのが標準でした。

　そして現在のNATMの考え方になってからは、支保能力が一段と高まりました。また、上半の鋼アーチ支保工は吹付けコンクリートとロックボルト等によって支持されており、下半を掘削してもアーチの支保能力が低下しないことが理解されたために、昔のように底設導坑方式で掘削する必要がなくなり、二次覆工コンクリートも全周一挙に巻き立てることが可能となりました。したがって品質が向上し、コンクリートの厚さも薄くすることができました。

　そしてさらに大型機械の発達と、地山不良部での補助工法の進歩によって、いっそう大きな断面でトンネルを速く掘ることができるようになりました。最も特筆すべきことは、事故が減ったことです。もちろん、働く人たちの意識が変わってきてはいますが、昔、切羽のごく近くで人力で作業していたものが、今は切羽から離れた位置で機械が作業しています。切羽の側に人がいなくなったことと、支保の剛性が高くなったこと、大きな作業空間が確保できるようになったこと等が、事故が減った要因として考えられます。

黒四「大町トンネル」について教えてください。

　「くろよん」とは、黒部川第四発電所と黒部ダムの総称です。戦後の目覚ましい経済復興の大きな障害となったのが、電力不足でした。特に関西では、長期の電力使用制限が社会問題となっていました。当時の火力発電は、時々刻々と変動する電力需要に素早く出力調整できなかったので、それが可能な水力発電—しかも、できるだけ大規模の発電所の建設が望まれていました。そこで関西電力は、1956年「世紀の大事業」として語り継がれる「くろよん」建設に挑戦したのです。

　同年、長野県大町市に建設事務所が開設され、着工となりました。工事のなかでも、黒部ダム建設地点までのルート確保（大町ルート）は、くろよん建設成功には欠かせない緊急課題でした。当時、黒四へは人力や馬による立山ルートしかなく、ヘリコプターも輸送には満足なものではありませんでした。そこで、大町トンネル（5.4 km、現在の関電トンネル）の建設が急ピッチで進められることになりました。現在、立山黒部アルペンルートの玄関口で関電トンネルトロリーバスの発着駅である扇沢から、後立山連峰赤沢岳直下を貫き、黒部ダム建設地点に至るルートです。大町トンネルには、全断面掘削機（ジャンボ）などの最新鋭機材を導入し、月進（掘削距離）334.5 mの日本新記録を樹立し、順調に進んでいました。

　ところが、1957年5月1日、トンネル坑口から約1 695 m掘り進んだところで濁流とともにトンネルが崩壊したのです。鉄製支保工が破壊され、100 m³の土砂を押し出し、36 t/分もの地下水が噴出してきました。しかも、水温は4℃と冷たいのです。破砕帯との遭遇でした。破砕帯とは、岩盤のなかで岩が細かく割れ、地下水が溜まった軟弱な地層のことです。

この地帯はフォッサマグナ（ラテン語で大きな溝という意味で溝状になった古い地層）に近く地層が複雑で、破砕帯にぶつかるのは当然と思われますが、当時日本では破砕帯にトンネルを掘った経験がほとんどありませんでした。破砕帯突破のため、関西電力はもちろん、各学会をあげて綿密な分析と検討がなされ、工事は再開されました。トンネル本坑の周りに水抜き坑を掘り、そこから水抜きボーリングを行い、また薬液やセメントを注入し、本坑の周囲を固めるという地道な作業を粘り強く繰り返し、土砂崩壊と湧水を防ぎながら、掘削は進められました。しかし、高水圧の大量湧水ですから、まさに危険と隣り合わせの緊張が続く作業でした。最終的には、水抜き坑総延長は約500 m、水抜きボーリング総延長は約2 900 m、薬液注入約136 m³、セメント注入約230 tを使っていました。わずか80 mの破砕帯を悪戦苦闘しながら突破するのに、7カ月を要しました。
　その後、工事は順調に進み、大型重機の導入により、快調に掘削が進みました。再びトンネル掘削日進記録や月進記録などを次々と更新し、破砕帯突破から約半年後の1958年5月、ついに大町トンネルは開通しました。
　これにより資材搬入ルートが完成し、黒部ダムならびに黒部川第四発電所の建設を実現させたのです。建設当時の槌音は、現在、黒部ダムの観光放水の轟音と観光客の歓声に変わり、黒部峡谷をにぎわせています。
　この大町トンネル工事には厳しい技術的・環境的条件の克服と同時に従事した関係者にも多くの苦難とそれを乗り越えた喜びのドラマがありました。そのひとつが『黒部の太陽』（木本正次著：信濃毎日新聞社刊）として小説化され、また故石原裕次郎・故三船敏郎主演で映画化されました。

2　トンネルの歴史

中山トンネルについて教えてください。

　東京と新潟を結ぶ上越新幹線の群馬県内にこの「中山トンネル」があります。中山トンネルは、延長が14.9 kmにおよぶ長大トンネルとして有名であるばかりでなく、日本のトンネル建設史上、最も困難を極めた工事のひとつとして知られています。この工事は1972年2月に上越新幹線の他の工事に先駆けて着工されましたが、水深250 mくらいの高圧で、多量の地下水を含んでいる地層に遭遇し、大出水事故を経験し、約10年の歳月を要して土木工事が完成しました。

　当初このトンネルは、規模や工期等を考慮して、1本の斜坑と3本の立坑を設けた6工区に分割して着工しました。このうち1本の斜坑は、掘削開始後すぐに340 t/分という異常出水によって水没し、放棄せざるを得なくなり、5工区に分割して工事を進めることになりました。

　この立坑のうちの1本、四方木立坑は深さが372 mもあり、そのうえ、高圧多量湧水地帯を掘削したために、水没事故が2回もあり、約4年の歳月を費やして掘削されたものです。立坑の湧水対策としては、地表から薬液注入を実施し、切羽での止水をするという方法が取られていましたが、さらに立坑切羽からも作業横坑を掘り、そこから掘ろうとする立坑部分に向けて止水注入をしました。ずいぶん苦労して、ようやく立坑底までの掘削が終了しましたが、立坑底の地質は八木沢層と呼ばれる高圧で大量の地下水を含んでいる火山灰層だったので、本坑ルートの地質調査を行い、条件の良い場所を選んで迂回坑を掘り、注入基地を設けるべく掘削が行われました。

　そしてこの注入基地で1979年3月、大出水事故が発生しました。日曜日

の夜12時前、セメント袋や土嚢で築いた堰が大量の出水によって破られ、命からがら立坑のエレベーターに乗って、坑外に脱出し、危機一髪という状態でした。そして翌朝には、立坑底から250 m上まで冠水してしまったため、その後、排水をして、注入などによって地山を改良し、約10カ月かかって復旧しました。

　この四方木立坑の復旧の後すぐ、1980年3月、隣工区の高山工区でも出水事故が発生しました。この工区もその施工に3年を要した、深さ295 mの高山立坑から本坑の施工をしていました。ここで110 t/分の大出水に見舞われ、この時には迂回坑によって、四方木工区とつながっていたので、両工区とも立坑底から225 mの高さまで水没してしまいました。

　このような苦い経験を何度となく繰り返し、この八木沢層という、トンネル屋泣かせの不良地山区間をできるだけ避けたいということで、本線ルートの一部が変更になりました。このため、中山トンネルにはこのルート変更によってできたS字カーブが生まれ、この間は最高速度を160 km/hに減速する区間となっています。

青函トンネルについて教えてください。

　「青函トンネル」の構想は大正時代からあったようですが、現在の地点で調査が開始されたのは1946年のことでした。第二次大戦後の日本は、海外の植民地を失い、大量の引き揚げ者に生活の場を提供する必要がありました。そこで、国内での開発の地として、人口が少なく、広大な大地をもつ北海道が選ばれました。また、国鉄としては本州と北海道の間の輸送機関を確立する必要性もありました。さらには世界最初の海底トンネルである関門トンネルが、1944年の開業の折であり、技術的な自信がありました。そして1946年に調査を開始してから約40年、試掘調査に着手してから約20年の歳月を費やして、1985年に本坑が貫通し、翌年に軌道を敷き終えることができました。

　その長い歳月の間にはさまざまなドラマが繰り広げられ、映画「海峡」でも紹介されました。

　1964年5月、北海道側吉岡斜坑の掘削が開始され、1967年3月に斜坑底に到達しましたが、1966年3月に掘削を開始した本州側竜飛斜坑は難航し、1969年2月、最大16 t/分の異常出水に見舞われました。1971年11月に本工事の起工式が行われましたが、工事においては異常出水や膨張性地山、未固結地山等で相当の苦労をしました。特に1976年5月、吉岡工区作業坑では70 t/分の出水によって、作業坑が3 000 m、本坑が1 500 mにわたって水没するという事態が発生しました。このように、特筆すべきことは、やはり水との戦いであったということです。

　トンネルの設計について少しふれますが、このルートについては、下北半島側よりも津軽半島側のほうが断層地形ではないことや、海峡部の水深

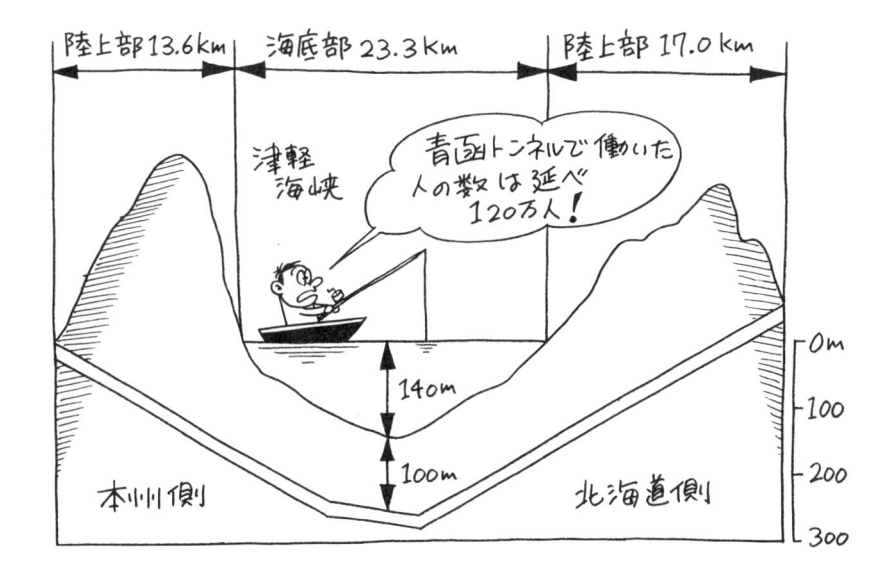

陸上部 13.6 km ／ 海底部 23.3 km ／ 陸上部 17.0 km

津軽海峡

「青函トンネルで働いた人の数は延べ120万人！」

本州側　140m／100m　北海道側

0m／100／200／300

が浅いことなどが理由で現在のルートが選定されました。このルートで青函トンネルは全長が53.85 kmあります。ちなみにこの距離は、JR山手線の一周半にあたり、JR東海道線の東京から辻堂までに相当します。このうち海底の部分は、最大水深が140 mで延長が23.3 kmあります。トンネルの土かぶりは最小で100 mを確保するように設計され、本坑のほかに先進導坑、作業坑が設計されました。先進導坑は、地質の確認や排水を主な目的として、本坑に先立って掘進されたものです。

　青函トンネルがほかの山岳トンネルと大きく違う点は、海底に設けられる長大なトンネルであることから、トンネルへの湧水の源が海という無限の水源であることでした。トンネル掘削中に万一出水があると、それは大事故につながる恐れがあり、青函トンネルというプロジェクト自体の存亡を左右するものとして捉えられ、トンネルの技術として、注入工法や吹付けコンクリート工法等が考え出され、発達しました。ちなみに、このトンネルで実施された地盤注入は霞ヶ関ビル1.6杯分にあたる84万7000 m^2 にのぼりました。また、働いた作業員の数は延べで120万人にのぼります。

英仏海峡トンネルの歴史を教えてください。

　1994年の英仏海峡（ユーロ）トンネル開通で、英国と欧州本土とを陸路で結ぶ何世紀にもわたる夢が実現されたのですが、英国とフランス間の30kmばかりの海峡をトンネルで結ぶ計画が最初に提案されたのは1751年、その後26の提案がなされています。1802年、フランスの鉱山技師アルベール・マシューが初めて海峡トンネルを設計し、ナポレオン一世に提出したことはよく知られています。翌年、イギリスの設計者ヘンリー・モットリーが続きました。1830年以降、蒸気機関車の出現とイギリスの鉄道網整備が鉄道トンネルの提案を導きました。そして、19世紀の中頃、フランス鉱山技師トム・ド・ガモンは7種類の異なる設計に30年を費やしました。

　最初のトンネル掘削の試みは、1880年に、バーモントがTBM（トンネル掘進機）を使用して、海峡の両側から海底を掘り始めたことにさかのぼります。工事は順調に推移していましたが、国防上の理由でイギリス陸軍が反対に転じ、1883年にはフランス側も中止してしまいました。その後、1880年代から1945年まで海峡トンネル構想は数多くの技術者によって継続されましたが、2度にわたる世界大戦や不景気により、いずれも机上の検討のままでした。1955年、イギリス国防大臣が海峡トンネルが国防上問題ないことを宣言したことから、1957年、海峡トンネル研究会が設立されました。1960年、研究会は2本の本線トンネルと1本のサービストンネルからなる鉄道トンネルを提案し、1973年、正式に事業が始まりましたが、1975年、オイルショックを契機に経済的な問題から中断となりました。

　1984年、サッチャー英首相とミッテラン仏大統領との間でトンネル建設の協定が結ばれ、建設および完成後の運営は民営とすることが合意されま

した。1985年に入札が公募され、同年に4つの提案が出され、翌年ユーロトンネル社が選定されました。そして200年もの間、度重なる中断にあってきた英仏海峡（ユーロ）トンネルは1987年、本格的に着工されました。

トンネルはフランスのカレーとイギリスのフォークストンとを結ぶ50.5 kmのもので、少し前に開通した53.9 kmの青函トンネルよりやや短く、海峡部の最大水深は60 mと青函トンネルの140 mよりも比較的浅くなっています。ただし海底部の延長をみると38 kmで青函トンネルの23.3 kmをはるかに凌いでいます。地質は、非常に安定した不透水性の軟岩でTBM掘進には最適なので、線形もこの地層をねらって決められました。イギリス、フランス側ともにTBMを採用しました。イギリス側で海岸付近に予想外の断層が出現し、掘進困難に陥りましたが、機械の改造後は順調に掘進しました。フランス側5台のTBMのうち、4台は日本製で掘進開始後の半年程は不慣れなせいもあり手間取ったものの、その後順調に進捗し、鉄道トンネルではイギリス側が1 911 m／月、フランス側が1 256 m／月と驚異的な進行を記録しました。

1994年、イギリスのエリザベス女王、フランスのミッテラン大統領出席のもと盛大に開業した英仏海峡（ユーロ）トンネルは、1996年の火災事故などのトラブルもありましたが、順調に活躍しています。

旅客はユーロスターと呼ばれる列車でロンドン～パリが3時間で結ばれています。また本トンネルでは乗用車を列車に載せて運ぶカートレイン方式が採用され、このために両坑口に近い所に広大なターミナルを設けています。この両ターミナル間は専用列車で35分かかります。

東京湾アクアラインはどのように作られましたか？

　「東京湾アクアライン」は自動車専用道路ネットワークの整備の一環として、都市部やその周辺部の交通混雑を緩和するため、東京湾を横断する（川崎市〜木更津市）ように建設された全長15.1 kmの有料道路です。

　東京湾アクアラインは、陸上部（0.9 km）、トンネル部（約9.5 km、川崎人工島を含む）、海ほたる（0.3 km）、橋梁部（4.4 km）に分けられます。

　トンネルの川崎市（浮島取付部）から川崎人工島までの4.6 km区間と、川崎人工島から海ほたるまでの4.5 km区間は、シールド工法と呼ばれる方法で建設されています。トンネルを掘る方法の1つであるシールド工法は、回転カッターのついた円柱状の機械（ボーリングマシン）を使って地盤を掘削したあと、コンクリートブロック（セグメント：外径ϕ 13.9 m、幅1.5 m、厚さ0.65 mを11等分割）をはめ込み、地盤を安定させる方法です。

　このトンネル工事の特徴は、以下に示す3点です。
① トンネル断面が大きいこと（直径約14 m程度）。
② 柔らかい地盤（軟弱地盤）中に隣接する大断面トンネルを並列に長距離区間掘削すること（上下線間距離は約10 m程度）。
③ 高水圧（0.6 MPa：海面下約60 mの水圧に相当）の作用する海底地盤中にトンネルを築造すること。

　工事は工期を短縮するために、シールド機を8個所（浮島取付部：2機、川崎人工島：4機、木更津人工島：2機）から発進させて、各々2〜3 km掘削した後に、海底地盤中でシールド機同士が前面でドッキングする地中

接合方式（4個所）で進められました。作業は、①シールド発進基地（8個所）構築、②発進基地の防護、③掘削およびセグメント組み立て、④地中接合（4個所）の手順で行われました。

シールド発進基地付近では地盤表面とシールド機との距離が小さく（土かぶりが小さい）地盤が崩壊しやすいため、一時的に地盤を凍らせて固める凍結工法を併用しながらトンネル掘削を行っています。

セグメントの組み立て作業は、①高所作業（約14 m）、②セグメント重量が重い（1ピース：約10 tf）、③セグメントを固定するボルトの締結力不足等の理由で、人力作業では困難と判断し、セグメント自動組立装置によりセグメントを組み立て、地盤の安定を図っています。

地中接合は、①先着シールド機を所定の位置に配置し、シールド機を一次解体、②探査装置により位置確認をしながら、後着シールド機を先着シールド機に凍結工法を併用しながらドッキング、③ドッキング後に、二次解体をという手順で進められました。

シールドトンネル工事は、1994年8月から1996年8月までの約2年間にわたり、掘削延長18 252 kmのシールドトンネルが完成しました。

コラム—4　★トンネルにまつわる言い伝えを教えてください。

①【トンネルの守り神】
　トンネルを掘る山の神様は「女性」とされている説と「雌犬」とされている説があります。どちらにしても山の神は生き物であり、トンネルの坑夫さんたちは生き物を大切にかわいがります。

②【トンネル坑内に女性を入れてはいけない】
　山の神と同性の女性をトンネルに入れると、神様が嫉妬し、山を揺すって落盤事故を起こすといって嫌います。これは女性の労働の場としては厳しすぎる、男性の職場に対する高いプライドがあったものと思われます。同時に、危険な作業にか弱い女性をつかせてはいけないという配慮もありました。同じように、山の神と考えられている犬を、坑内に入れてはいけないとも言われてきました。

③【坑内で口笛を吹いてはいけない】
　坑内で口笛を吹くと、山の神が浮かれて踊りだし、山を揺すって落盤事故を起こすと言われています。これは常に生命の危険と隣り合わせの、厳しいトンネルの仕事で、決して口笛を吹くな、気を抜いてはいけない、という思いであったのでしょう。

④【ご飯に汁をかけて食べてはいけない】
　味噌汁をご飯にかけたり、お茶をかけたりしてはいけないと言われています。これは山に水をかければ崩壊するという意味で嫌ったものです。

⑤【トンネルの貫通石は安産のお守り】
　長いトンネルを両側から掘っていって、貫通地点で最後に掘られた岩石の破片を貫通石と呼んでいます。これはその昔、神功皇后が敵の背後にトンネルを掘って、勝利を収めたことを記念して、貫通点の石をもって帰り、お産の時に枕元に置いたところ、とても安産であったという言い伝えからきています。

トンネルの調査・設計

　トンネルの出口や入口部分を坑門といいます。トンネルの顔となるだけに、周辺環境や自然環境に十分配慮して設計され、その結果、さまざまな形の坑門が作られています。写真を収集するのもおもしろそうです。
　この章では、トンネルを掘削する地点の地質の調査方法、岩石と岩盤の違いなどの調査段階の疑問、トンネルの力学的な解析による設計方法、最先端の設計技術、逆解析の話など少し技術的なことから、トンネルの掘削機械のことについても解説します。

NATMの設計における解析の方法はどのようなものがあるのですか？

　NATMによる山岳工法トンネルの断面形状や掘削方法、支保部材を設計する方法は、経験的方法と力学解析的方法に分類することができます。ここでは後者の方法について概説しましょう。

　NATMの設計における力学解析的方法は、2つの方法に分けることができます。その1つは理論解析法で、もう1つは数値解析法です。

　理論解析法とは、地盤の内部における力の釣り合いに関する微分方程式から導かれたトンネル周辺の応力や変位分布の理論式を用いて、必要な支保部材を設計する方法です。多くの研究者が各種の条件の下での理論式を提案していますが、どの理論式も基本的には地盤は均質で、トンネルの形状は円形であることを条件としているので、トンネル周辺の地盤の硬さや強さが場所ごとに大きく変化しているような複雑な地盤条件の場合や、トンネルの断面形状を検討するような場合には適用が難しくなります。しかし、理論解析法は、電卓で計算できる程度の非常に簡便な設計方法なので、理論式の意味を十分に理解し、適用範囲を限定すれば、NATMの概略設計に非常に有用なものになります。

　一方、数値解析法はコンピュータを使って直接、地盤に生じる変位やそれに伴って発生する応力の数値的な近似解を求めることによって、トンネルを設計する方法です。数値解析法は理論解析法に比べ、地盤の不均質性が考慮できる、トンネル断面の形状が全く任意に設定できる、トンネルの施工手順を追って解析できる、地盤の応力とひずみの関係におけるさまざまな性質が考慮できるなど、とても多くの利点があるため、近年のコンピュータの進歩に伴う計算労力や計算コストの低下とあいまって、トンネル

Finite Element Method
(有限要素法)
小さい領域に分割して変位や応力を解析

Tad

　の設計にしばしば登場するようになりました。この数値解析法についても各種の方法が提案されていますが、その中で最も一般的で多用されているのが、FEM（Finite Element Method：有限要素法）という方法です。

　FEMではまず、解析対象領域（NATMの設計の場合はトンネルとその周辺地盤）を四角形や三角形などの単純な形状に細かく分割します。分割された領域一つひとつは要素と呼ばれます。次に、それぞれの要素における応力と、ひずみの関係を定義します。そして最終的には各要素ごとの力の釣り合い方程式を解析領域全体で重ね合わせて、要素を構成する節点（分割した線と線の格子点）の変位を未知数とした連立方程式を作成し、これを解くことによって地盤全体の変位や応力が近似的に求められます。FEMはその汎用性の高さからトンネル解析だけでなく、土木工学分野に広く使われています。さらには、建築、機械、電気工学など多くの工学分野の研究開発や実務設計でも利用され、最近では数多くのFEMのコンピュータプログラムが市販されています。

　FEMは1950年代にアメリカで開発され、地盤工学分野では1960年代後半から適用されるようになりました。FEMによってトンネルの設計は飛躍的に進歩し、高度化したといえます。しかし、地盤の物性値をあらかじめ正確に把握することが難しいことや、地盤と支保工の数値モデル化にはやはり限界があることなど、設計に関する問題は依然として多く残されているのが現状です。

最先端のトンネル設計技術を教えてください。

　最近のトンネルは大断面化が進むとともに、特殊な条件下のトンネルが増えています。そこでどのように特殊なトンネルであっても、安全で合理的に建設できるよう、大学や役所、企業の各種研究機関では、常にトンネルの設計技術に関する研究・開発が進められています。ここでは、そのような最新のトンネル設計技術を紹介しましょう。

　近年はコンピュータ技術が急速に発展して、非常に多量な計算を高速で行えるようになったため、地盤中にトンネルを掘削した場合の挙動をかなり詳細にシミュレートできるようになっています。

　例えば、本線トンネルから支線トンネルが分岐するような複雑な形状のトンネル設計を行う場合でも、コンピュータ上で3次元解析モデルを作成し、前項で紹介したFEMによって地盤の変形や支保工に作用する力を的確に求められるようになったため、複雑なトンネル構造の設計精度が大きく向上しています。また、亀裂が多い岩盤にトンネルを作る場合、どのような岩盤ブロックが崩落する可能性があるのかを抽出するキーブロック解析（90ページ参照）や、そのようなトンネルがどのように崩壊するかをシミュレートするDEM（Distinct Element Method：個別要素法）やDDA（Discontinuous Deformation Analysis：不連続変形法）などが最新の設計解析技術として開発されています。

　しかし、上記のような高度な解析技術があっても、トンネルの事前設計の精度を向上させるには限界があります。それは、トンネルは地中の細長い構造物であり、さまざまな地質の中を通るため、そのすべての地質状況を前もって完全に把握することが実際は不可能であるためです。したがっ

て、トンネルの事前設計はあくまで暫定的なものであり、実際はトンネルの施工を行いながら地質を観察し、それに応じて設計を逐次、変更するという「情報化施工」の考え方でトンネルが作られることが多いのです（142ページ参照）。そのような情報化施工の流れを考えると、施工時の計測結果に基づく設計変更技術もトンネルの設計技術として重要であることがわかります。この設計変更技術の中核となるのが、トンネルの計測結果から地質パラメータを逆に推定するという逆解析技術です。96ページでトンネルの逆解析について詳しく解説していますが、最近では地盤モデルをより詳細にした高度なトンネル逆解析手法が何種類か開発され、実用化研究が行われています。

　上記は主に、山岳工法トンネルを対象とした最新設計技術の話でした。では、開削トンネルやシールドトンネルの最新技術にはどのようなものがあるでしょうか。従来、トンネルは地震に強いと考えられていましたが、阪神淡路大震災では、開削トンネルの一部に大被害が発生してしまいました。この反省をもとに現在、シールドトンネルや開削トンネルでは「免震トンネル」が最新の設計・施工技術のひとつとして注目を浴びています。免震トンネルの原理は免震層と呼ばれる軟らかい材料をトンネルと地盤の間に挟み込み、地震による地盤の変形を免震層で吸収し、直接トンネル構造物の変形を少なくしようとするものです。免震層にはゴムやシリコン、ウレタンといった材料が使われます。このような免震トンネル設計では免震層の複雑な特性を十分考慮した高度な数値解析が用いられます。

3　トンネルの調査・設計

切羽前方予知とは何ですか？

　切羽とは、掘削しているトンネルの最先端部を指しますが、その切羽よりも先の地質がどのようなものか事前にわかっていれば、地質に応じた施工法が迅速かつ適切に選択でき、工事の安全性や経済性が向上するのは間違いありません。例えば、切羽の数十m前方に断層破砕帯などの脆弱(ぜいじゃく)で水を多く含んだ地質が存在している場合、前もってその存在を知ることができれば、切羽から地中に深い穴を開け、脆弱な地質内の地下水を先に抜いたり、薬液注入によって地盤を固化したりして、切羽を安定させることができ、トンネルをより安全に掘ることができます。しかし、もしその地質情報が手に入らなければ、いきなり軟弱な地質が切羽に現れることになるため、対策をとる前に切羽が崩落してしまう危険性があるわけです。

　切羽前方予知とは、このようなトンネル掘削最先端部よりさらに前方の地質がどのようなものか、あらかじめ察知する重要なトンネル調査技術です。それでは切羽前方予知はどのような方法で行うのか紹介しましょう。
【先進ボーリング】地中に深い穴を開けることをボーリングといいます。ボーリングを行えば、その位置の土や岩を採取したり、地下水の湧水状況を調べたりすることができるので、地質状況を直接把握することができます。通常、地質調査ボーリングは地面から鉛直下向きに行うことが多いのですが、先進ボーリングは切羽から水平前方に行います。前方の地質を調べるだけでなく、地下水を抜く役目も先進ボーリングにはあります。ボーリングの長さは、数十m程度が普通ですが、青函トンネル工事では2150mという非常に長い先進ボーリングを行い、トンネルが進むコースの地質や地下水状況を調べたそうです。

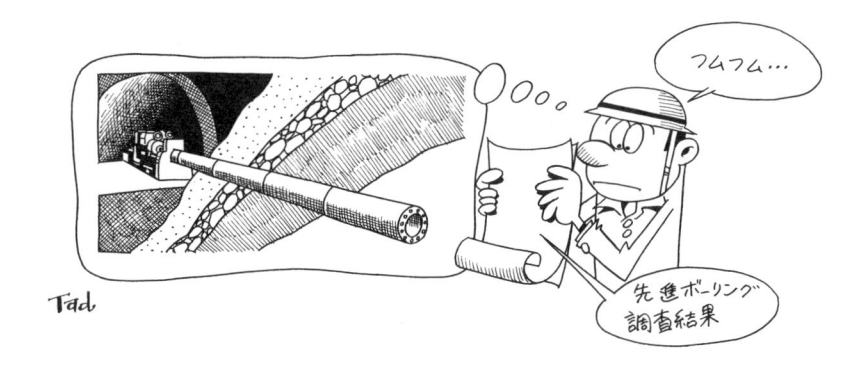

【削孔検層】ボーリング孔を利用して、地盤の中の情報を調査することを検層といいます。油圧ドリルによって先進ボーリングを行う際に得られた、削孔に必要な力や削孔の速度などのデータをもとにして切羽前方50～100mまでの地質を予測するシステムが開発されています。

【速度検層】切羽前方に掘削したボーリング孔にいくつか受振器を取り付け、切羽で人工的に振動を起こします。すると、各受振器が振動を感知した時間から地盤の中の振動が伝わる速度（これを弾性波速度と呼ぶ）の分布を求めることができます。地盤が硬ければ弾性波速度は大きくなり、軟らかければ逆に弾性波速度は小さくなるため、弾性波速度分布は切羽前方の地質を予測するための重要な情報となります。このように、ボーリング孔を用いて地盤の弾性波速度分布を求める技術を速度検層と呼びます。

【弾性波探査法】以上は、切羽からの水平ボーリングを利用した切羽前方予知技術でしたが、ボーリング孔を使わない切羽前方予知技術のひとつに弾性波探査法があります。トンネル内で発破などを行って、振動を人工的に起こし、トンネル壁面に設置した受振器で、地層の変化面で反射してきた振動をとらえて切羽前方の地質を推定する方法です。弾性波探査法にはTSP（Tunnel Seismic Prediction）やHSP（Horizontal Seismic Profiling）といった方法がありますが、両者の探査原理は同じで、発振器や受振器の数に違いがある程度です。さらに最近では、わざわざ発破を行うのではなく、トンネル掘削機などの振動をとらえ、しかも医療現場で使われるCTスキャンのように3次元的に切羽前方の地質状況を表示する反射トモグラフィという方法も開発されています。

岩盤のキーブロックとは何ですか？

 トンネルが貫く岩盤にはたいがい、亀裂や節理（岩盤中のほぼ一定方向に発達している割れ目）、断層が存在します。これらは総じて岩盤の不連続面と呼ばれ、不連続面の存在はトンネル工事の安全性と経済性に大きく影響します。

 通常の岩盤は、不連続面が多数交錯して形成されている岩盤のブロックが組み合わさってでき上がっていると考えることができます。このような岩盤中にトンネルを掘削すると、トンネル壁面をひとつの自由面とする新しい岩盤ブロックがたくさん形成されることになります。この岩盤ブロックの中には、形状や寸法、互いの位置関係から、もしそれが落ちれば、岩盤全体の崩壊につながるような岩盤ブロックがトンネル周辺に存在することになります。この岩盤ブロックをキーブロックと呼びます。キーブロックでないそのほかの岩盤ブロックは、キーブロックが動かない限り、移動しないことになります。したがって、キーブロックを早めに察知して、この部分にロックボルトなどによって重点的な支保を施工すれば、トンネルの設計がより合理的に行えるというわけです。

 イラストのコンピュータ・グラフィックスで示したものは、あるトンネル壁面に形成されたキーブロックの分布です。これらは多くの不連続面の走向と傾斜の3次元情報から、幾何学的な計算に基づいて抽出されたものです。

 それでは、岩盤の不連続面の情報はどのように調べればよいのでしょうか。かつては、トンネルを掘削しながらその壁面に出現した不連続面を観察して、そこからキーブロックを推定するようなことが行われていました

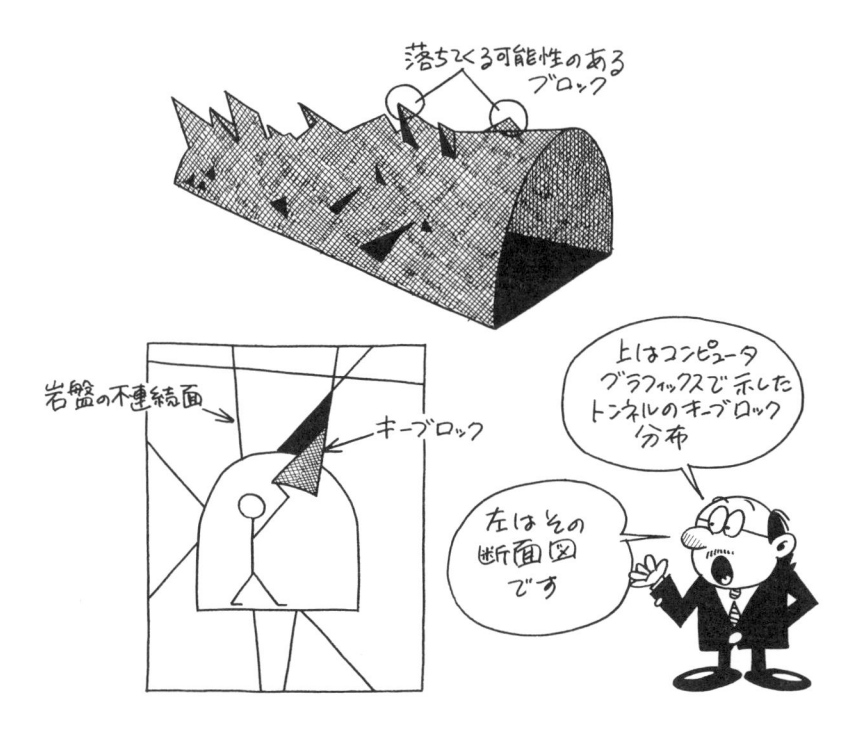

が、これではトンネルが掘り進む先まで精度よく推定することができません。また、壁面観察の間は吹付けコンクリートの施工ができないため、工事進行の妨げにもなります。そこで、最近では切羽からトンネル進行方向にボーリングを行い、ボーリングコア（ボーリングで抜き取った円筒状の岩盤や土）の観察結果から不連続面情報を取得したり、TBM（トンネルボーリングマシン）の後ろに移動式カメラを取り付け、TBMで掘り進んでいる最中にトンネル壁面上の不連続面情報を調査したりして、得られた結果を大断面トンネルへの拡幅工事に役立てることが考えられています。

　以上のキーブロックの調査・抽出とそれに基づくトンネルの支保設計は、発展途上の技術であり、まだごく一部の大断面トンネル（例えば第二東名神のトンネルや地下発電所やLPG岩盤貯槽の一部）にしか適用されていませんが、今後ますます研究成果の展開が期待されています。

地山の初期応力とは何ですか？

　地山内部には、トンネル掘削前から土の自重やプレートテクトニクス・断層運動などに基づく地殻変動に影響された応力（物体内部に生じている単位面積あたりの力）が生じています。このように掘削前から存在している地山の応力を初期応力もしくは初期地圧と呼びます。初期応力は、一次地圧とも呼び、トンネル掘削後の地山の応力（二次地圧）とは区別します。初期応力はトンネルなど地下に空間を掘った場合、その空間を押しつぶそうとする力であり、トンネル設計の重要な外力条件になります。

　初期応力は鉛直方向だけでなく、水平方向にも作用し、初期応力の水平方向成分と鉛直方向成分の比は側圧係数と呼ばれます。ほぼ水平に地層が堆積している平野部の土砂地山では、初期応力の鉛直方向成分は土かぶり厚さ（トンネルから地表面までの距離）に土の単位体積重量を乗じたもの、すなわち土の自重分に相当します。これに対し、水平方向成分の初期応力を規定する側圧係数は、0.5～1.0程度といわれ、軟弱な粘土であれば1に近く、地盤が堅硬になれば側圧係数も小さめになります。ただし、より正確な側圧係数の値は、土質試験によって得られた土の強度特性とその位置での地下水位に基づいて求めなければなりません。

　一方、山岳部における初期応力は地山の凹凸形状や地殻変動の褶曲（しゅうきょく）（地層が周りからの大きな力を受けて波を打ったような形状に押し曲げられること）の影響を受け、平野部と同じように比較的簡単に算定できないのが通常となっています。また、側圧係数も地殻変動による力を受けて1.0を大きく超えることもあります。したがって、山岳部で重要な地下構造物を作る場合には、有限要素法などの数値解析を用いた自重計算で初期

応力を推定することや、原位置での初期応力をあらかじめ測定することなどが行われます。
　計測によって岩盤の初期応力を求める方法には数種類あり、大きくは以下の3種類に分けられます。
①オーバーコアリング法
②水圧破砕法
③岩石コアを用いる方法
　オーバーコアリング法は、応力解放法とも呼ばれ、測定器を取り付けた岩盤を周辺の岩盤から切り離し、その岩盤に作用している応力が解放された際に生じるひずみと岩盤の弾性係数・ポアソン比から初期応力を推定する方法です。水圧破砕法は、ボーリング孔壁面に引張応力による亀裂が生じるまで水圧を作用させ、その水圧測定結果から初期に作用していた応力を推定する方法です。また、岩石コアによる方法は、上記2つの方法のように原位置での試験と異なり、ボーリングによって採取した岩石コアに対して室内試験を行い、例えば、AE（アコースティックエミッション）と呼ばれる微小破壊音の測定などから初期応力を求める方法です。
　ただし、以上のいずれの方法も、初期応力を求めたい位置までトンネルもしくはボーリング孔を掘る必要があるので、これによって本来の初期応力を乱してしまい、岩盤の初期応力を精度よく計測しているとは言いがたいのが現状です。今後、測定精度や測定法の改良がさらに進むことが望まれています。

地山強度比と地山の安定性の関係について教えてください。

　地山強度比は、地山の一軸圧縮強度と土かぶり圧（対象となる位置の深さと地山の単位体積重量との積）の比で定義され、トンネルの安定性を概略的に評価するための重要なファクターとして、しばしば使われています。それではこれから、地山強度比とトンネルの安定性の関係について簡単に説明しましょう。

　地山の内部には、岩盤の自重に起因する応力がトンネル掘削前から存在し、これを初期応力（初期地圧ということもあります）と呼ぶことはすでに述べました。岩盤を掘削すると、この初期応力が解放され、トンネル周辺では応力の再配分が起こります。この時、トンネル周辺の応力状態はどのようになるのでしょうか。

　ここでは話を簡単にするために、地山の初期応力は土かぶり圧相当の等方・等圧状態（$\sigma_x = \sigma_y = \sigma_0 = \gamma h$：ここで、$\gamma$は地山の単位体積重量、$h$は土かぶり厚さ）と仮定します。支保工や切羽の存在などは無視し、地山を一様な弾性体であると考えた場合の円孔トンネル壁面の円周方向応力σ_θと半径方向応力σ_rは、弾性理論より、$\sigma_\theta = 2\sigma_0 = 2\gamma h$、$\sigma_r = 0$、となります。すなわち、トンネルを掘削するとトンネルの壁面に沿う方向の応力は初期応力の2倍、トンネル壁面に直交する方向の応力は0となるのです。したがってトンネル壁面近傍の応力状態は一軸圧縮状態となり、トンネルが破壊するかどうかは、この壁面方向応力と地山の一軸圧縮強度q_uを比較すれば、おおむね把握できることになります。以上により、地山強度比$q_u/\gamma h$でトンネルの安定性を考えると、$q_u/\gamma h \geqq 2$の場合に安定、$q_u/\gamma h < 2$の場合に不安定という判定ができるのです。

このように地山強度比は、ごく簡便にトンネルの安定性を推定できる概念ですが、地山の初期応力が等方・等圧であることを仮定しています。また、切羽が存在する効果も考慮されていません。さらに、地山強度比の算定に用いる地山の一軸圧縮強度は、本来トンネルスケールの岩盤としての一軸圧縮強度でなければならないのですが、通常は亀裂を含んでいない小さい供試体を用いた室内試験による岩石の一軸圧縮強度しか得られていないため、この値を用いて地山強度比を推定していることが多いようです。

　トンネルスケールの岩盤の一軸圧縮強度は、亀裂や節理の影響で岩石の一軸圧縮強度に比べて小さくなるのは確かなのですが、岩石の一軸圧縮強度をどの程度低減すべきかを判断するのは難しく、弾性波試験などから間接的に推定するか、経験的な値を用いざるを得ないようです。したがって、一軸圧縮強度の値には不確実性が多く含まれるため、$q_u/\gamma h \geqq 2$の場合でも必ずしも絶対に安定であるとはいえないし、$q_u/\gamma h < 2$のケースでも不安定ではない場合もあり得るのです。

　このように地山強度比はトンネル掘削の難易度を示す指標ではありますが、以上のようにあくまでも概略的、かつ相対的な目安としての指標だと認識すべきだと思います。

トンネルの逆解析とは何ですか？

　地盤は本来、不均質で不確定な自然そのものであり、その中を掘るトンネルの施工条件なども、事前には不確定な部分が多いため、トンネルの設計段階ですべての現象を完璧に予測することはほとんど不可能です。トンネル施工中の計測値が事前の予測値とほぼ一致するというケースは少なく、両者が大きく離れてしまうこともしばしばあります。このような場合、計測値と予測値のずれがトンネル施工の安全管理に影響を与えるかどうかを迅速に判断することが必要になります。

　施工中のトンネルの安全性を計測によって評価し、その結果を次の施工段階の予測に活用できる手段として「逆解析」を挙げることができます。

　逆解析は、右のイラストのように文字通り通常の解析（これを順解析と呼ぶことがある）と逆の手順をたどる解析手法です。すなわち、順解析では対象とするトンネルと周辺地盤の物性（変形特性や強度特性など）に基づいて解析モデルを作り、これに荷重を作用させてトンネルや周辺地盤の変位や応力を求めます。

　一方、逆解析では地盤の変位や応力状態から、地盤の物性やトンネルに作用する荷重状態を逆算するのです。逆解析を用いることにより、施工途中のトンネルの計測値（多くは変位が用いられる）と整合する弾性係数やポアソン比などの物性パラメータが求められるため、これを用いて順解析を行えば、その時点でのトンネル周辺地盤のひずみ分布や応力状態などが推定できるだけでなく、それ以降の施工段階のトンネル挙動においても、地盤の物性や荷重条件などが不確定だった設計段階よりも格段に高い精度で予測解析を行えることが期待できます。もちろん、計測値には多くの誤

[逆解析の概念とは…]

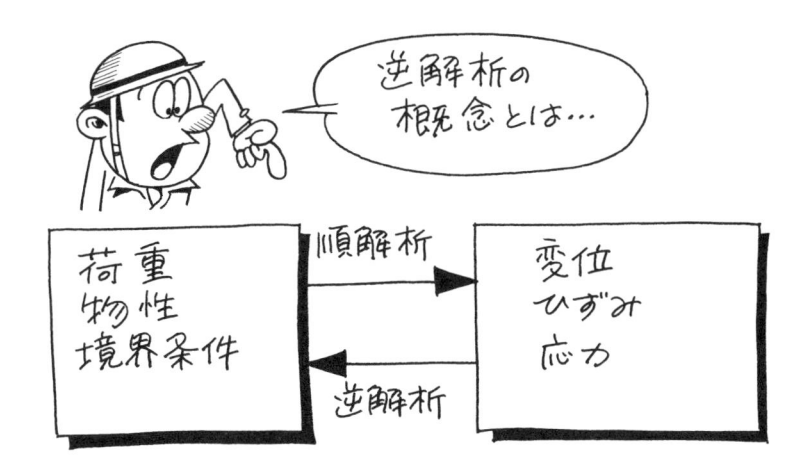

荷重
物性
境界条件

順解析 →
← 逆解析

変位
ひずみ
応力

　差が含まれ、また逆解析に用いられている数値モデルも現実をすべて反映することはできないので、地盤の真の物性値が逆解析によって得られるわけではありません。あくまでも逆解析で用いている数値モデルの範囲で、トンネル挙動をうまく説明する物性パラメータであると認識すべきでしょう。
　広い意味では地盤の物性や外力条件の逆算だけでなく、通常は与条件とされるもの（例えば境界条件や場の支配方程式など）を逆に推定することすべてが逆解析の範疇に含まれますが、トンネルの逆解析という場合は、上述のようにトンネルの変位計測値からトンネル周辺地盤の物性値や初期応力を推定する手法と解釈され、とりわけ日本では、桜井春輔神戸大学名誉教授が開発した逆解析手法を指すことが多いようです。彼による逆解析は逆定式化法による逆解析とも呼ばれ、トンネルの変位の一部を既知、荷重や物性を未知数として、通常の解析と全く逆の定式化によって地山の初期応力と弾性係数の比を得るものです。
　現在、上述の方法以外にもさまざまな逆解析プログラムが実用化されており、一部は市販されているものもあります。逆解析手法の研究も大学や民間企業の研究機関で盛んに行われています。これらの研究成果や開発されたプログラムがトンネル現場の実務で大いに利用されることが期待されています。

岩盤のクリープとは何ですか？

クリープは英語でcreepと書き、一般には「忍び寄る」とか「這う」とかいう意味に使われる単語ですが、岩盤工学で使われる場合は、時間が経過するに従って、じわじわと岩盤が変形し続けていく現象を指します。もう少し正確にクリープの意味を示せば「ある一定の応力下で徐々にひずみが増大していく現象」ということになります。土や岩盤に何かしらの外力を与えた場合、それに対する変形が時間とともに増加するようなクリープ的挙動は、どのような土や岩盤でも多かれ少なかれ起こりますが、土に含まれる水の移動によって起こる圧密現象による変形とは区別し、土や岩盤の粘弾性的性質、もしくは粘塑性的性質によって起こる時間依存の変形挙動を通常クリープとして定義しています。

粘土のクリープは、二次圧密（過剰間隙水圧がゼロとなっても圧縮沈下が続く）という現象でよく知られ、設計的にも留意すべきファクターと考えられていますが、岩盤の中をトンネル掘削する場合に発生するクリープの量も、掘削によって瞬時に発生する変形に比べ、必ずしも小さいとは限りません。特に軟岩地山の場合は、掘削直後に発生する変形の数倍の変形が時間とともに現われることもあります。

例えば、鉱山のトンネルでは採掘が終われば最終的にそのトンネルを放棄することが多いので、通常はあまり上等な支保工を施工しませんが、クリープが大きい地質の鉱山では、供用期間中に坑道が埋まってしまうくらいのクリープ変形が生じることがあるのです。このような地質の場合、掘削後、支保工をできる限り早く施工し、クリープの進行を防止することが必要であるだけでなく、支保工の設計においてもクリープによって時間遅

れで大きな荷重が支保工に加わることを想定した計算が必要になります。

　軟岩のクリープは、応力によって軟岩を構成する物質同士が時間の経過とともに徐々に滑っていく現象として解釈できますが、花崗岩(かこうがん)のような硬い岩盤では、クリープのメカニズムが軟岩とは異なり、岩石内部に存在する非常に多くて微細なクラックの先端に集中している応力によって、少しずつクラックが成長し、クリープが生じるといわれています。

　一般にクリープによる変形は時間とともに収束していくと考えることが多いのですが、与え続けられる荷重の大きさによっては必ずしも収束せず、クリープ破壊という現象がみられます。硬い花崗岩でもクリープ破壊することがあり、これは微細なクラックが進展し続け、クラック同士が連結することで、最終的に岩石が崩壊に至ったものと解釈されています。

　クリープ変位（もしくはひずみ）の時間経過をグラフにしたものをクリープ曲線と呼びます（イラスト）。岩盤に荷重が作用した瞬間に即時的な変形が生じ、時間の経過とともに変形は増加しますが、その増加量は徐々に減少します。これが一次クリープです。その後一定の速度で変位が進行し（二次クリープ）、最後は急速に変形が増加し、ついには崩壊します（三次クリープ）。三次クリープは与える荷重レベルが小さいと発生しないといわれており、三次クリープが発生する荷重レベルを事前に調べることがクリープ破壊を未然に防ぐために必要になります。

岩石と岩盤の違いを教えてください。

　広辞苑によれば、岩石の定義として「岩や石。地殻を構成する物質。通常、1種類から数種類の鉱物の集合体で、ガラス質物質を含むことがある」と書かれています。一方、岩盤とは「岩石で構成された地盤」となっています。この定義からすると、岩盤は岩石と同じもののように一見思われます。もう少し専門的な辞典で調べてみましょう。地学辞典によると、岩盤は「岩石からなる地盤。断層や節理などの割れ目を含んだある大きさの岩帯を工学的に考えるときに言う」となっています。なるほど、岩盤は岩石とその割れ目の存在も考えた工学的な専門用語であり、岩石よりもスケールの大きい概念であることがわかってきます。

　岩石と岩盤では、その工学的性質は大きく異なるといわれています。例えば、岩盤の変形は、割れ目を除いた岩石部分の変形よりも、割れ目の開口やすべりによる変形が支配的だとして考えられています。また、岩盤中を流れる地下水の流れやすさについても、変形と同じく、割れ目を通る地下水の流れが支配的であると考えられています。一方、岩石と呼ばれるようなスケールの岩には大きな割れ目を含むことがなく、その工学的性質は岩石を構成している物質の工学的性質によるものと考えて良いといわれています。つまり、岩石の工学的性質はその岩石を構成している鉱物の工学的性質により特徴づけられる一方、岩盤の工学的性質を特徴づけるのは岩石ではなく、断層や節理に代表される岩の割れ目によるところが大きいのです。

　通常、岩石はその成因による分類（火成岩、堆積岩、変成岩）や粒度によって分類されます。一方、岩盤は割れ目の量やその幾何学的分布特性や

割れ目部分の工学的性質なども考慮して分類されます。岩盤を工学的な見地から、その特性を示すことが重要であることを初めに説いたのは高名な地盤工学者のテルツァギ（1883-1963）であり、彼による1946年の論文『Rock defects and loads on tunnel supports（岩の欠陥とトンネル支保に関する荷重）』には次のような記述があります。「工学的には、岩石の種類が何であるかを知ることよりも、岩盤内の欠陥の形状やその多少を明らかにすることがより重要である。地質調査では欠陥を詳細に観察し、それらを示す必要がある」。つまり、ここに示されている岩盤内の欠陥とは、岩盤の割れ目のことであり、テルツァギはこのような考え方をもとにして、岩盤の割れ目や粘土シーム（粘土が詰まっている岩盤内の弱面）の多少、岩盤の膨張性などに注目して、岩盤を分類しました。

したがって、岩盤にトンネルを構築する場合、岩石の工学的な性質を調べるだけでは不十分であり、割れ目を含む岩盤全体の工学的性質を把握し、これを設計に生かすことが必要になります。

トンネルの顔となる坑門の形がいろいろあるのはなぜですか？

　トンネルの出口や入口部分を「坑門」といいますが、その形状はさまざまです。トンネルは、地中に作られる構造物ですが、トンネル断面や機能を損なうことなく、地表面などトンネル外の明かり部と連絡する役目が坑門です。

　一般的に坑門は、地表面から浅い位置にあり、固結性の悪い崖錐（がいすい）、堆積物などの地質が多く、地形の影響を大きく受けるため、それらと周辺環境および自然環境に十分配慮して設計・施工が行われています。

　坑門の形式を構造上大別すると、右表のような種類があります。また、坑門は、地形条件や地質条件とともに、周辺環境・交通工学的な景観などを考慮して作られるので、トンネルを象徴する構造物です。このため、トンネルの顔といえるのです。

　古くは坑口斜面を大きく切り込んで設けられることが多かったため、面壁型が多く採用されていますが、近年は、トンネル掘削技術の向上とともに、さまざまな形の坑門が作られるようになりました。

◆坑門構造の特徴

	面壁型	突出型	竹割型	逆竹割型
概要図	(イ) (ロ) (ハ)	(イ) (ロ)	(イ) (ロ)	(イ) (ロ)
適用地形	・坑口を切り込んで設ける場所に適したる。 ・等高線に対し斜め方向でも適用できる。(ロ)	・雪崩、落石の多い場所に適用。 ・等高線に対し、斜めに入る場合、別途、仮面壁が必要となる場合がある。	・積雪地方では適用しないほうがよい。 ・等高線に対し、直角方向に入る場合が好条件となる。 ・地山法勾配が緩い場合に適用。	・急斜面の地形、落石、雪崩などのある個所によい。 ・等高線に対し、斜め方向になる場所には不向き。
構造と施工性	・面壁は重力式、ウイング式とがある。 ・面壁をウイング式にすると重力式擁壁に比べて地山への切り込み量が少なくなる。	・突出部分は耐震構造とする。 ・基礎部分が盛土に載ると、大きな基礎構造を必要とする場合もある。	・竹割部分は明かり巻きとしなければならない。この場合は、仮坑門を必要とする場合がある。	・坑門の基礎が盛土上にかからない。 ・(ロ)の形式は特製の型枠を必要とする。
景観等	・面壁が大きいので〈(ハ)を除く〉面壁が明るく見え、トンネル内が見えにくくなる。 ・グレア防止がいる。	・景観上、特に問題はないが、トンネル延長が長くなる。 ・突出部分に明かり窓を設ける場合もある。	・坑門が小さく見える。 ・景観上好まれる(ロ)。	・坑門が大きく見える。

3 トンネルの調査・設計

シールドトンネルの掘削機械にはどのようなものがありますか？

シールドトンネルを構築する機械は以下のような面から分類できます。
①掘削方式による分類
　　手掘り、半機械掘り、機械掘り
②切羽前面の構造による分類
　　密閉型、部分開放型、全面開放型
③切羽安定機構による分類
　　山留めジャッキ、面板、土圧、泥水

　最近の使用実績によると、土圧式（泥土圧式）と泥水式とがほとんどを占めていますが、トンネル標準示方書・同解説「シールド工法編」（土木学会）でシールド機は、右のイラストのように分類されています。
　ここで、各シールド工法を概説しておくと、手掘り式シールドはシールド機の先端部で人力掘削し、ベルトコンベヤやずり鋼車などで排出後、地盤に応じてフードや山留めジャッキなどで切羽安定を補助します。地盤は、洪積の砂、粘土、固結シルト層など、切羽が自立する場合に適しますが、湧水の多い場合は、圧気、地盤改良などの補助工法が必要となるので、現在、都市内ではほとんど使用されていません。
　半機械掘り式シールドは、手掘り式シールドに掘削機械、土砂積み込み機械などを組み込んでいるので、適用地盤は、切羽が自立する場合に適しますが、手掘り式シールドより山留めが困難であり、切羽が大きく開放されてしまいます。
　機械掘り式シールドはシールド機の前面に搭載されたカッターヘッドで

```
                          ┌─ 土圧 ─┬─ 掘削土＋面板
                   ┌─ 土圧式 ─┤       └─ 掘削土＋スポーク
          ┌─ 密閉型 ─┤       └─ 泥土圧 ─┬─ 掘削土＋添加材＋面板
          │        │                 └─ 掘削土＋添加材＋スポーク
シールド ─┤        └─ 泥水式 ─┬─ 泥水＋面板
          │                 └─ 泥水＋スポーク
          │        ┌─ 部分開放型 ─ ブラインド式 ─ 隔壁
          └─ 開放型 ─┤              ┌─ 手掘り式 ─┬─ フード
                   │              │           └─ 山留め装置
                   └─ 全面開放型 ─┼─ 半機械掘り式 ─┬─ フード
                                  │              └─ 山留め装置
                                  └─ 機械掘り式 ─┬─ 面板
                                                 └─ スポーク
```

「現在の主流は土圧式と泥水式！」

シールドの分類

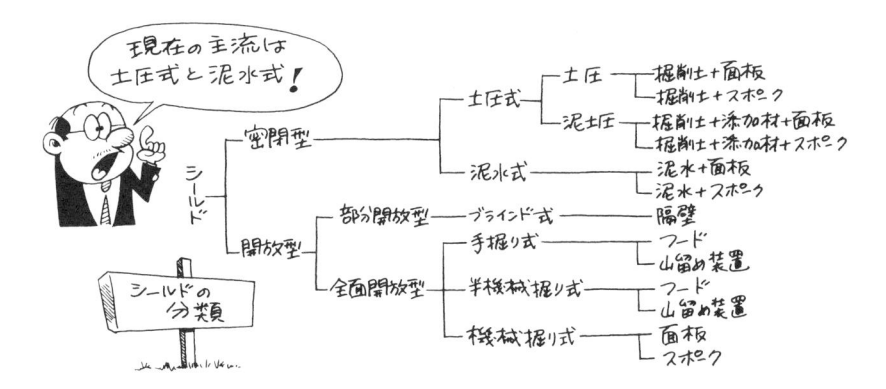

機械的に連続掘削を行い、一般に、自立しやすい地盤に適用されます。

ブラインド式シールドは土砂取り出し口以外は閉塞した機械を地山中に貫入させることで掘進します。軟弱な沖積砂混じりのシルト層のみに適しますが、制御が難しく地盤変状が大きいため、使用されなくなりました。

土圧式シールドは、回転カッターで掘削した土砂、場合によっては添加剤を加えた土砂を攪拌(かくはん)して塑性流動化し、チャンバー（切削した土砂を一時的に貯め込むカッターと隔壁との間にあるシールド機内の部屋）内に充満した土砂に圧力を加えることで（泥土圧式）、切羽を安定させ、チャンバー内の土砂はスクリューコンベヤにより排出されます。適用地盤は、添加剤を加えない場合は含水比や粒度組成が適当な沖積粘性土に限られる一方、添加剤の進歩はめざましいものがあり、沖積、洪積、さらには互層地盤にも対応できるようになり、その適用範囲は非常に広がっています。

泥水式シールドは、泥水圧で切羽を安定させ、掘削土砂は循環泥水で流体輸送されます。したがって送排泥水、土砂分離、泥水品質調整、泥水処理設備などの大規模設備が要求されるもので、適用地盤は、砂礫、砂、シルト、粘性土、それらの互層地盤など非常に広い範囲の地盤に対応でき、また水底トンネルのように地下水圧の高い場所に適しています。

シールド形式の選択にあたっては、計画時に立地、地盤、環境、支障物などの条件を綿密に調査し、さらに設計時には、切羽安定、地盤変状、環境保全、支障物、掘削土処理、用地などに関する設計条件を整理して、複数の候補の中からシールド形式を選択するのがよいでしょう。

シールド機の設計はどのように行うのですか？

　シールド機の設計にあたっては、完成後のトンネルの機能や耐久性が使用目的に適合し、安全かつ経済的であることが求められます。シールド機は一般的に、本体、掘削山留め機構、推進設備、覆工設備、駆動設備、付属設備から構成され、シールドに作用する土圧、水圧、ジャッキ反力などを支持しながら作業空間を確保するものです。

①【シールドの種類】

　シールドは掘削方法、切羽構造、断面形状などをもとに分類されます。

・掘削方法：地山、施工方法、周辺環境などの条件に応じて、機械掘り、半機械掘り、手掘り、泥水加圧、土圧バランスなどから選択されます。

・切羽構造：基本的には切羽の構造から、閉塞型と開放型に分けられ、切羽が自立しない軟弱地盤で開放型シールドを採用すると、切羽の崩壊や過大な地盤沈下が起こることがあります。これを防ぐため、切羽とシールド内部との間に隔壁を設置し、調節しながら土砂を取り込む閉塞型が採用されます。

・断面形状：外圧などに対して最も有利な形状は円形であり、採用も断然多いものの、用地や内部の使用効率などほかの形状断面に対する必要性から、複円形、馬蹄形、矩形、楕円形も採用されます。

②【シールド機本体】

・機長：機長は掘削の行われるフード部、シールドの構造的安定の保持とともに、掘削推進設備を格納するガーダー部、セグメントの組み立てを行うテール部の総和からなっています。設計には、土水圧、自重、上載荷重、変向荷重、切羽前面圧などに耐えられる構造とします。

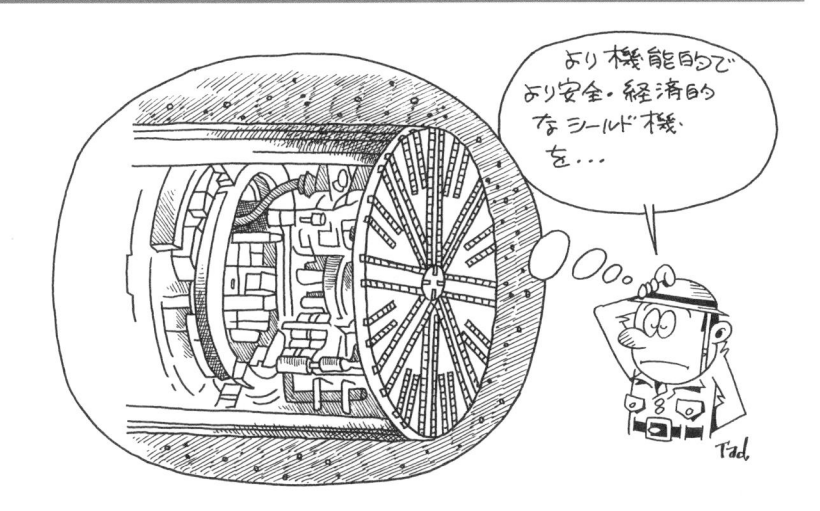

・外径：シールドの外径は、トンネルの内空断面、覆工厚さ、テールの板厚、テールクリアランスから決定されます。テールクリアランスは、テール内部でのセグメント組み立てに必要な余裕、特に曲線部ではシールド機とセグメントとの方向が異なるため、余裕が大きくなります。
・テールシール：テールプレートとセグメント外面との間に、地下水や裏込注入材等の漏洩防止を目的として、テールシールを装着します。泥水式シールドでは、泥水圧力保持をも目的とするため、耐圧性、耐久性が要求されます。

③【掘進設備】
・推進力：シールド機の推進抵抗には、シールド周辺地盤との摩擦・粘着抵抗、切羽の貫入抵抗、切羽前面抵抗、方向修正に伴う抵抗、テール内でのセグメントとスキンプレートとの摩擦抵抗、後方台車の牽引抵抗があるので、総推進力は抵抗の総和に余裕を考慮して決めます。
・シールドジャッキ：シールドジャッキの選定と配置は、方向制御性能、セグメント組み立ての施工性を考慮して決めます。ジャッキのピストンロッド先端には、セグメントの端面に均等に推力が作用するようにスプレッダを設置します。シールドジャッキのストロークは、セグメント幅に100〜200 mmの余裕を取り、ジャッキの作動速度は全数を同時に使用すると50〜100 mm/分程度ですが、海外では200 mm/分が主流です。

TBMとは何ですか？

　TBM工法とは、Tunnel Boring Machines（トンネルボーリングマシーン）を用いてトンネルを掘削する工法をいいます。

　TBMは、硬質の岩盤を回転式のカッターであるディスクカッターを取りつけた回転面盤を地山に押しつけて掘削する機械で、直接に岩盤を圧砕（切削）するディスクカッターと、それを押しつける油圧式ジャッキ、地山から反力伝達するグリッパとカッターヘッド（面板）を回転させるモーターから構成されています。一般には「グリッパ反力に推進反力をとって掘進する掘削機械をTBMといい、TBMを用いた工法がTBM工法」となります。

【掘進方法】
　オープン型TBMの掘進方法については次の要領で行われます（右のイラスト参照）。
①グリッパを地山に押しつけ、
②カッターヘッドを回転させながら、スラストジャッキを伸ばし、地山にローラーカッターを押しつけ、圧砕する。
③フロントグリッパを張り出し、（メイン）グリッパを縮め、スラストジャッキを縮めることで、グリッパをカッターヘッド側に引き寄せる。

【圧砕原理】
　カッターヘッドに取りつけてあるローラーカッターを強い力で地山に押しつけ、岩盤を圧砕します。ちょうど、ピザカッターのように押しつけと回転により、岩盤を圧砕します。

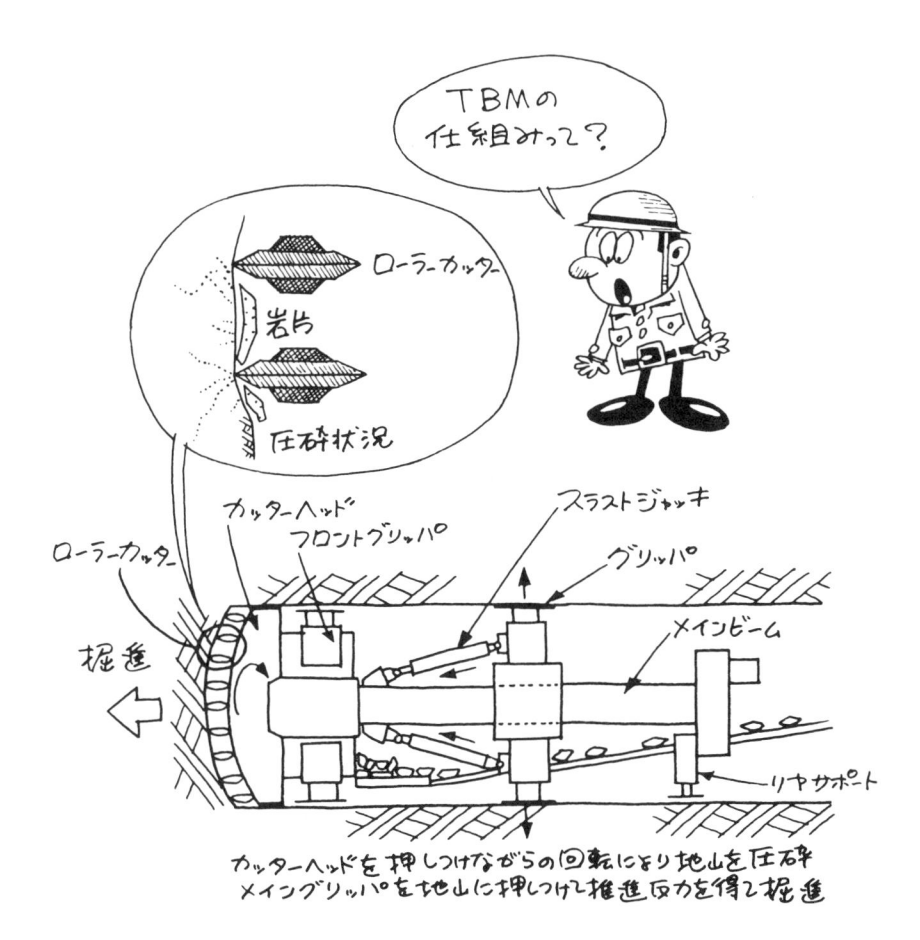

岩片（ずり）搬出はレール方式、タイヤ方式、連続ベルトコンベヤ方式、流体輸送方式があります。

以上のような原理でTBMはトンネルを高速に掘り進め、国内ではϕ5.0mクラスのTBMで月進200～700mの高速掘進を実現しています。

TBM工法は比較的硬く破砕帯の少ない地山で、長いトンネルの場合に多く適用されています。

開削トンネルの構築方法を教えてください。

　都市トンネルの主な構築方法にはシールド工法と開削工法があります。シールド工法は、地中の作業基地（立坑）からシールド機を推進させ、そのテール部で覆工し、トンネルを構築する工法です。これに対し、開削工法は、地表面から所定の深度まで掘り下げ、トンネルを構築し、その上部を埋め戻す工法です。両工法を比較すると、開削工法はトンネル断面の形状、および寸法、線形、構築深度に対する施工上の制約がないため、使用目的および利用可能な地下空間に応じた適切なトンネル断面を採用できる等の長所がある反面、構築深度が大きくなると工費・工期の面で不利となる、路上交通への影響や振動・騒音の発生に対して配慮が必要等の短所もあります。

　市街地における開削工事では、掘削に伴う地山の崩壊や、有害な変形を防止するために、土留めと呼ばれる構造物を構築します。土留めは、地山の土水圧を直接受ける壁（土留め壁）とこの壁を支持する部材（支保工）とからなり、各部材とも多くの種類と施工法があるため、土留めの構造形式の選定にあたっては、各部材の特徴、工事の規模、地盤条件、周辺環境条件等を総合的に検討し、安全性、経済性、施工性を満足する適切な組み合わせを選定します。以下に、主な土留め壁の種類とその特徴を紹介しましょう。

　土留め壁は遮水性があるものとそうでないものに大別されます。前者は遮水性土留め壁と呼ばれ、鋼矢板壁、柱列式連続壁、地中連続壁等があり、後者は開水性土留め壁と呼ばれ、親杭横矢板壁等があります。開水性土留め壁は、一般に地下水位が深い良質地盤で適用され、遮水性土留め壁は、

開水性土留め壁では対応できない地下水位の高い軟弱地盤で適用されます。ただし、遮水性土留め壁は、その種類により遮水性、剛性・耐力が大きく異なるため、選定にあたっては、各壁の構造、特徴、性能を十分に理解しておかなければなりません。

鋼矢板壁は、端部に継手を取りつけた鋼矢板を、継手を嚙み合せながら地中に打ち込むものです。この壁の遮水性は、継手の嚙み合せ状況に依存するため、長尺の矢板を使用すると、継手の離脱等による遮水性の低下が問題となります。

柱列式連続壁は、原地盤に造成された柱状、あるいは壁状の固化体に形鋼等を挿入するもので、固化体の造成方法にはモルタル置換や、地盤とセメントミルクの攪拌・混合（ソイルセメント）等があります。このうち、ソイルセメント壁は隣り合う固体をラップできるため、遮水性が高く、壁長40 m程度での施工実績を有しています。ただし、施工深度が大きくなると、ラップ不足や固化体自身の品質のバラツキにより遮水性が低下するため、注意が必要です。

地中連続壁は、ベントナイト溶液等の安定液を用いて掘削したトレンチ内に、鉄筋籠あるいは端部に継手のある形鋼を建て込み、コンクリートを充填するものです。この壁は遮水性、剛性、耐力が非常に高く、躯体と同等の品質をもつことから、大深度開削工事に適用され、壁長100 m以上の実績があります。さらにこの壁は直接床版を接合し、躯体の一部として多く利用されています。

沈埋トンネルはどのように作るのですか？

　沈埋トンネル工法は、一種のプレハブ工法といえるもので、水底トンネル工法のうちのひとつです。その施工順序は、あらかじめトンネルを構築する河川、運河などの水底に溝（トレンチ）を掘削しておきます。ケーソンヤードなどで製作し、適当な長さに分割された鋼製、もしくは鉄筋コンクリート製の沈埋函（沈埋エレメント）を水に浮かべ、沈埋場所まで曳航し、続いて沈埋函を沈設し、沈埋函同士を接合した後、函体の上部を埋め戻して連続したトンネルを完成させる工法です。

　沈埋トンネル工法を採用するには、シールドトンネル、開削、ケーソンなど、他の水底トンネル工法に加えて、橋梁方式とも十分に比較検討されます。

　開削工法、ケーソン工法は比較的水深が浅く、延長の短い河川横断に用いられるので、基本的に規模の大きい沈埋トンネルとの比較対象にはなりません。シールドトンネルを水底トンネルに採用する場合、建設中に船舶航行などに影響をおよぼさないという利点がありますが、その工法の特徴から、縦断線形を下げなければならず、それに伴って、トンネル延長が長くなるという欠点があります。これは、シールド機の掘進中における切羽安定とトンネルの浮き上がりに対する安定とを確保するために、沈埋トンネルよりもかなり大きな土かぶりが要求されるからです。

　橋梁方式との比較検討では、横断河川や運河の規模によって、その優劣が逆転し、小規模水路横断では橋梁方式が優位ですが、大規模運河、特に主要港湾の航路を横断するような場合では、沈埋トンネルの利点が多くなります。

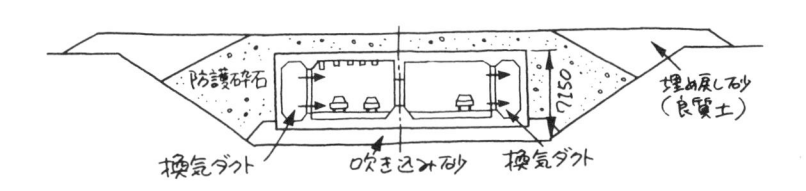

大型船舶の航路幅を考慮すると、橋梁方式ではスパンが数百メートルの長大橋梁となり、しかも高橋脚（非常に高い橋の支柱）が要求されることから、一般的に地盤条件の悪い港湾地域での長大橋梁は莫大な工費が必要です。これに対して、沈埋トンネルは航路幅に関係ないことから、延長が問題になることはありません。

　また、縦断線形の面でもその差異が明らかです。大型船舶の航路上の必要空頭は海面から50～60 m程度、必要水深は最大20 m程度なので、例えば、鉄道や道路を横断させると、橋梁では桁高を加えて、海面から55～65 m上が路面となり、沈埋トンネルでは土かぶりと構造物高さを加えて、海面から最大30 m下が路面となります。つまり、航路横断構造物が海抜数m程度の高さにアプローチする時には、橋梁構造物の長さは沈埋トンネルよりもかなり長い構造となってしまいます。したがって、周辺の地形やルートによっても大きく異なるため、慎重な比較検討がなされています。

3　トンネルの調査・設計

トンネルが浮き上がることがあるのは本当ですか？

　トンネル周囲の環境の変化によって、トンネルが浮き上がることがあります。この浮き上がりには、いくつかの状況が考えられるため、その原因ごとに説明していきましょう。

①【リバウンド】
　地下埋設物の輻輳(ふくそう)している都市部で、地下に埋設された既設トンネルの上部地盤を掘削する場合には、トンネルに作用する鉛直荷重を撤去することになり、除荷に伴うリバウンドと呼ばれる地盤の弾性浮き上がり現象が発生します。この時、地盤の浮き上がりに伴って、地中のトンネルも浮き上がるため、既設トンネルの構造安全性を検討したり、地下鉄の場合には、軌道構造の使用限界状態の照査を行ったりする必要が生じるのです。リバウンドの予測方法としては、経験式によるものと、有限要素法による解析があり、いずれも入力定数である地盤の変形係数の設定が重要となります。特に、除荷時の鉛直方向変形係数が必要となるだけでなく、小さなひずみレベルに応じた変形係数を使用することが重要です。

②【地下水の回復】
　東京地域では、古くは工業用水として地下水が使用されていたため、地下水位が下がっていましたが、近年は地下水の汲み上げ規制が実効を上げるようになり、地下水位の回復が顕著になっています。例えば、約20年前に大規模な地下駅が当時の地下水位を考慮して設計されたものの、経年的に地下水位が回復し、地下鉄駅構造物に作用する浮力が設計時点の予想よりもかなり大きくなったことがあります。そこでは、地下駅の底版から

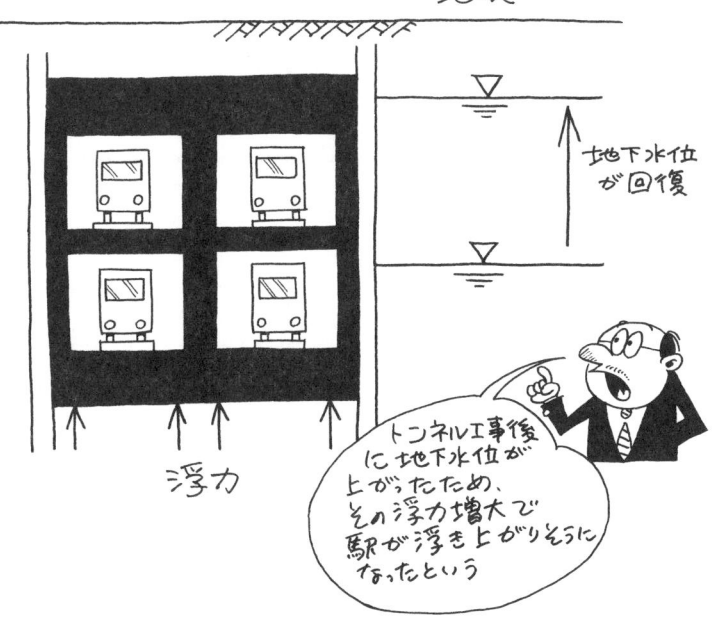

アンカーなどで引っ張るか、重量を増すことが検討されましたが、経済性から最深部プラットホーム下にコンクリート塊や鋼材を置くことで対応しました。今後は、調査時点だけでなく、地下水位の経年変化も測定することで、地下水位の変動を把握し、構造物の設計寿命中の設計地下水位に対応できる浮き上がり検討が必要です。

③【軟弱地盤におけるシールドトンネル】
　軟弱地盤におけるシールド工事では、トンネルに地中で浮力が作用することになります。この浮力には、トンネル上部の土の重量と、せん断抵抗で対抗しているものの、超軟弱地盤では、上部地盤の剛性が期待できず、粘性的にトンネルが浮き上がることがあります。そこで、軟弱地盤におけるシールド工事では、上部地盤の厚さや地盤の強度について、綿密な検討が必要です。実例としては、東京湾横断道路トンネルの浮き上がりが実験や解析を通して、真剣に検討されたことがあります。

3　トンネルの調査・設計

トンネルの湧水はどのように処理しているのですか？

　トンネルは、地山に滞水する地下水下を掘削する場合が多く、山岳トンネルの場合には、既掘削区間や切羽面からの湧水となり、トンネル内に流入してくる場合がほとんどです。覆工構造も十分な止水構造（水圧に耐えられる覆工性能）となっていない場合が多く、基本的に水圧が作用しないような覆工構造を適用しており、トンネル坑内への漏水等、流入した地下水を排水しています。

　シールドトンネルの場合には、基本的に比較的新しい地層中を掘削することが多く、掘削面を止水構造のシールド機と止水構造のセグメント（覆工）の使用により、帯水層中にトンネルを構築できます。したがって、トンネル坑内への地下水の流入（漏水）はないことが原則です。実際には、漏水が発生し、ポンプによる排水設備を設けています。

　一般に、トンネルには勾配がついており、自然勾配で坑外へ排出される方法が合理的ですが、それが望めない場合には、ポンプによる強制排水を行っています。

① 【トンネル掘削中の湧水処理】
　山岳トンネルで掘削する場合には、大量の湧水は切羽の崩壊を招き、事故につながることが多いため、地下水の存在に非常に注意して掘削を進めます。場合によっては、水抜きボーリング、水抜き導坑、ウエルポイント（パイプを地中に設置して強制的に排水する工法）を適用します。特に、海底トンネルのような青函トンネルでは水抜きボーリング・水抜き導坑の適用とともに、維持管理面からのトンネル内への漏水低減を目的として、

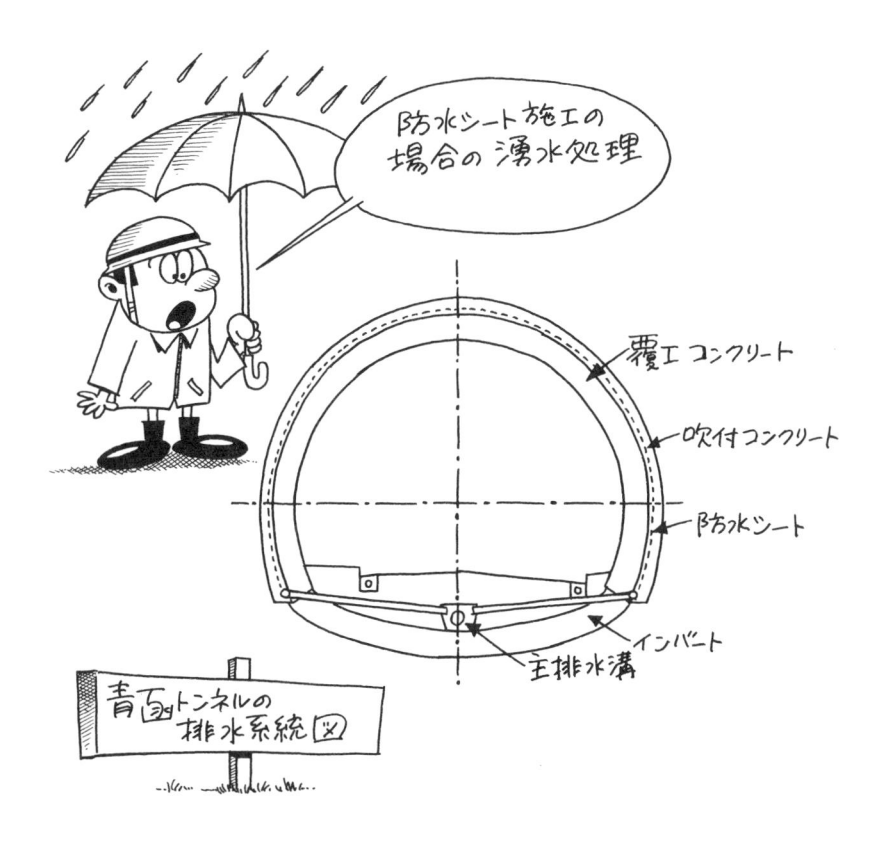

薬液注入による止水層を形成し、本坑を掘削します。

②【トンネル供用後の湧水処理】
　一般的に、トンネル完成後の湧水は、防水シートによりトンネル内への漏水を防止し、シート背面に設置した排水材を通して、トンネル下部の中央排水に導水し、自然勾配を利用して坑外に排水されます。
　青函トンネルの場合には、坑内への漏水量も多く、大規模な排水設備を設けて強制的な排水が行われています。

トンネルで掘れる地盤の固さと軟らかさはどのくらいまで可能ですか？

　ここでは、山岳部におけるトンネル工法（NATM）に限って話をします。トンネルを掘る方法（掘削方式）は大きく分けて、
①人力掘削
②発破掘削
③機械掘削
となります。

　人力掘削はその名のとおり、人間が地山を掘る方法ですが、危険であり、効率も格段に落ちることから、機械が届かない場所や小断面の掘削などに限定されます。

　一般的に、山岳部における標準掘削工法は発破工法となっています。発破工法の適用範囲は広く、掘削地山の一軸圧縮強度50 MPa程度以上のすべての地山に適用可能です。

　特に、H形支保工を建て込まないでよい区間では一掘進長（1回の発破で掘り進むトンネル延長）を2 m以上とする長孔発破により、掘削スピードを上げることができ、適用性が高い工法ですが、その反面、なかなか設計掘削面どおりに発破することが難しく、余掘り（設計断面より広く掘ってしまうこと）を招くことは避けられません。

　機械掘削では、①全断面掘削機、②自由断面掘削機、③大型ブレーカーなどが用いられ、一軸圧縮強度が50 MPa以下の地盤で適用されます。機械掘削は発破掘削に比較して掘る速度は遅いものの、余掘りが少なく、また振動・騒音も小さいため、民家近くなどで周辺環境への影響を小さくしたいといった場合に利点があります。ただし最近では、硬い地盤の掘削に

も対応可能な機械が開発されてきており、100 MPa以上（目安としてコンクリート強度は約20〜40 MPa程度）の岩盤でも掘削可能となってきています。中には周辺環境への制約の関係から発破掘削が適用できず、400 MPaの岩盤を機械で掘った実績もあります。

 むしろNATMは軟らかい地盤を掘り進むほうが苦手です。なぜなら、トンネルの掘削では前方の掘削面（切羽面あるいは鏡面）が崩れずに自立していることが大前提となっているからです。トンネルを掘削する場合、一時的に掘削面は全く無支保の状態となってしまうので、少なくともこの間は自立してくれなくてはトンネル掘削が成り立ちません。したがって、もし自立できないほど軟らかい地盤に遭遇した場合は、さまざまな改良材を注入して地盤を硬くしたり、ロックボルトと呼ばれる鉄製、あるいはグラスファイバー製の棒を前方に打ち、切羽が崩れないようにしてから掘り進むことになり、時間もお金も多くかかります。

トンネル内の照明に黄色やオレンジ色が多いのはどうしてですか？

　ドライブをしている時、トンネルの中に入ったとたん「あれ？　今まで見ていた物の色が違うな」と思ったことはありませんか。これは、トンネルの照明によく使用されている低圧ナトリウムランプの影響で、人間の眼では、ほとんど色を識別することができない性質を持っているためです。このように、同じ色のものでも照らす光が変わることによって、見え方が変わってしまうことがあります。このような色の見え方におよぼす光の性質を「演色性」といいます。演色性は一般的に、普段から人々がよく見慣れている自然光のようなものを基準にして「良い」「悪い」といいます。

　トンネル内の照明は「物体が何色であるか」（演色性）よりも「どれくらいの大きさの物体がどこにあるか」が重要とされています。また、トンネル内は周囲が閉鎖された空間であるために、排気ガスによる光幕が発生して光の透過率が悪くなることや、温度変化、消費電力、白色ランプでは物の影のほうが強調されてしまう（まぶしさを感じる）等の問題を考慮し、トンネル内の照明を決める必要があります。

　低圧ナトリウムランプは、ガラス管にナトリウムの蒸気を封入したランプで、オレンジ色の光を発します。このランプはオレンジ色の光のため、白色ランプよりも排気ガス、粉じん等の影響を受けにくく、光が通り、視認性がよい、水銀ランプや蛍光ランプと比べて消費電力が1/2～1/3程度と経済的で寿命が長いなどの特長があり、また視感度が高く、明暗の差がはっきりし、物の形や凹凸などを正確に見極めることができます。さらに、輝きが少なく、あまりまぶしさを感じさせず、他のランプに比べて排気ガス中の透過率が高く、遠くの物でもはっきりと認識できます。これらのこ

基本照明の路面輝度基準

制限速度（km/h）	平均路面輝度（cd/m²）
100	9.0
80	4.5
60	2.3
50	1.9
40以下	1.5

とから、トンネル内の照明には主に低圧ナトリウムランプが使用されているので、黄色やオレンジ色の照明が多いのです。

　トンネル内の照明は、交通の安全、円滑を図ることを目的として道路の制限速度、交通量、線形（カーブ、高低差）に応じた路面輝度を確保するために、延長50m以上のトンネルに必要とされています。

　延長50m未満のトンネルには、照明設備を設置しなくてもよいとされていますが、道路の制限速度および交通量等を考慮して、交通安全上で必要と思われる場合や、トンネルの見通しが悪く、自然採光が期待できない場合等には必要とされています。

　トンネル内照明は、基本照明、入口部照明、出口部照明、停電時照明、接続道路の照明等から構成されています。路面輝度については基本照明、入口部照明、出口部照明、停電時照明、接続道路の照明と種類によって基準があります。ここでは、基本照明の制限速度に応じた平均路面輝度を上に示します（輝度とは単位面積あたりの光束の量。一定の広さの部分的明るさのこと）。

トンネル内の設備にはどのようなものがあるのですか？

　トンネルといえば、主に道路トンネルと鉄道トンネルがありますが、その設備に関していえば、この2つの間には大きな違いがあります。まず、換気では道路トンネルが自動車の排気ガスの処理に苦労するのに対し、鉄道では電車の動力が電気であるので排気ガスを排出しません。そのため、長大トンネルにおいても全くといっていいほど換気について考える必要がありません。また道路トンネルは個々の車を対象に防災対策を検討しなければならないため、その設備が鉄道トンネルと比較すると、大がかりなものになることは、容易に想像できるのではないでしょうか。
　それでは、道路トンネルと鉄道トンネルのそれぞれの設備について説明しましょう。
【道路トンネル】
①照明設備：照明設備は障害物の認知、走行車線・路面の認知、トンネル内外の照度差の暖和を図り、トンネル内の特殊な条件下での交通の安全・円滑化を目的として延長50 m以上のトンネルに設けます。
②換気設備：自動車から排出されるガス、路面から巻き上げられたホコリ等がドライバーの運転の障害にならないよう、その粉じんの換気を目的とする場合と、火炎時の排煙対応を目的とする2つの観点から換気設備を設置します。また透過率計（空気の汚れている度合いを測る機械）、一酸化炭素濃度測定機（CO計）などの計測設備を備え、送風換気だけでトンネル内の空気の浄化ができない場合は、電気集じん機・除じんフィルターを用いてトンネル内の空気の浄化に努めます。
③非常用設備：非常用設備は、車両災害等の事故発生を速やかに管理事務

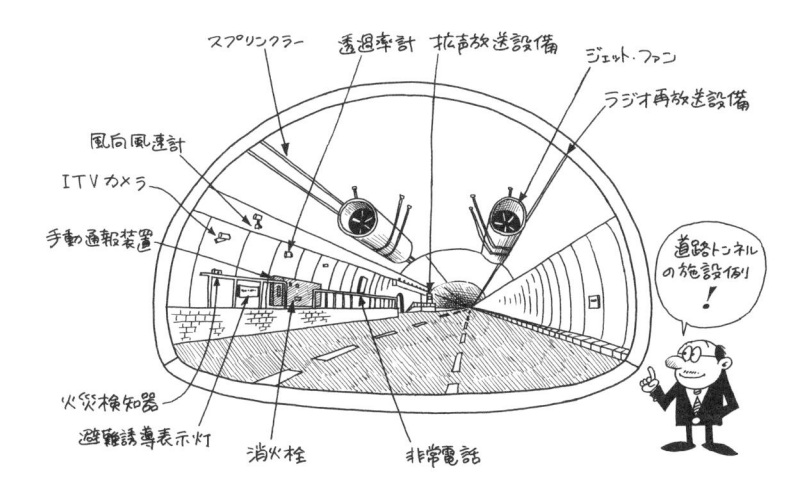

所へ通報する通報設備、トンネル内の異常事態発生を知らせるための警報装置、安全な場所まで避難させるための非難誘導設備、初期消火を行うための消火設備、トンネル内の状況を監視するためのITVカメラ（遠隔操作で道路状況を監視できるカメラ）、情報提供のためのラジオ再放送設備などが、トンネル延長と交通量により定まる設置基準に基づいて設置されています。

【鉄道トンネル】

鉄道トンネルにおいては、道路トンネルと比較して安全性が高いことから、通常、列車火災が発生した場合は可能な限りトンネルを走行脱出し、乗客を安全な地域に誘導することになっています。しかし、青函トンネルはトンネルが長大なため、トンネル内に火災が発生した列車を停止させ、乗客の避難・救済および消火活動を行うことのできる特定の場所を設けています（乗客は避難通路を通って約1000人が収容可能な待機場所へ避難することができる）。

このほか、スプリンクラーや情報連絡設備、監視用テレビなどが設置されています。また、列車火災をいち早く検知するため、トンネル入口までに2個所、トンネル内に2個所、赤外線温度式火災検知装置が設置されています。この検知装置で火災を検知すると、指令センターから必要な指示が運転士に伝えられるようになっています。

3　トンネルの調査・設計

シールド工法の地盤沈下の特徴を教えてください。

　シールド工事に伴って発生する地盤沈下は、シールド技術の発展に従って、かなり抑制できるようになってきました。しかし、都市部では埋設地下構造物に近接して工事をしなければならないことも多く、他の構造物に影響をおよぼさないように、沈下を抑制することが求められます。

　地盤沈下は、地中応力の変化、トンネルの線形、裏込め注入、シールド機の掘削外径、セグメントの変形など、シールド工事のさまざまな要素に関連して複合的に発生するものです。そこで、地盤沈下を抑制するためには、複数の対策をとる必要があり、シールド工事における地盤沈下とその要因を十分に理解しておくことが肝要です。

　シールド工事における地盤沈下は、右のイラストのような傾向があるので、その沈下を説明しておきます。

①【先行沈下】先行沈下はシールド機の切羽が測定位置のかなり手前（トンネルの深さと同等の距離）の位置より前で発生するもので、特にシールド工事による地下水変化によって生じるため、その傾向は緩やかで微少な沈下です。

②【切羽前沈下（隆起）】切羽前沈下、もしくは隆起は、先行沈下に引き続いて生じるもので、切羽の土圧バランスの崩れやカッターの押し込み力によるものです。その状況は、急激に発生するもので、沈下の大きさは切羽圧管理の良否に左右され、先行地中応力よりも切羽圧が大きいと隆起、小さいと沈下が生じます。

③【シールド通過時沈下】測定点の直下をシールド機が通過するときに生じるもので、シールド機の外径と、わずかに大きいカッター外径との差に

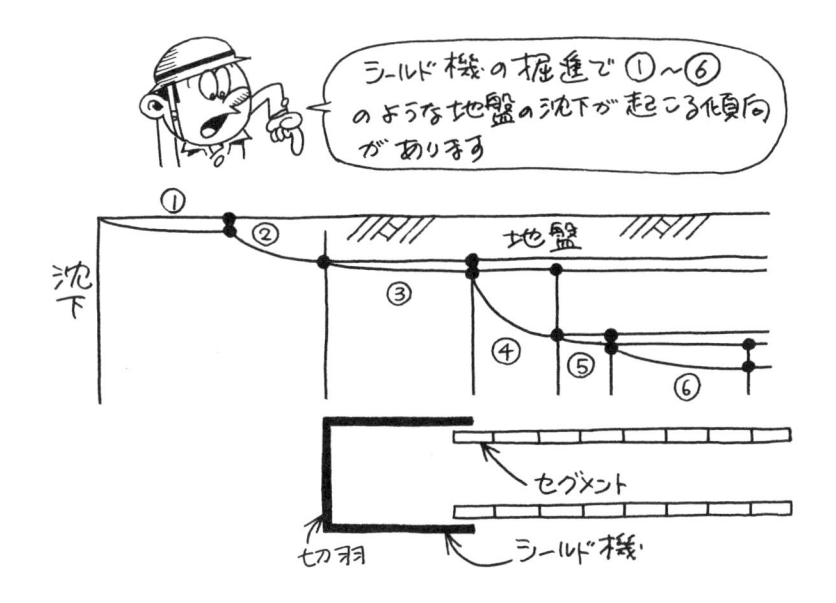

起因するものです。
④【テールボイド沈下】測定点の直下をシールド機のテールが通過した直後に発生するもので、シールド機のテール部外径とセグメント外径との差（テールボイド）により起きる応力解放に伴う地盤変形のことです。シールド工事に伴う沈下の主なもので、裏込め注入の良否に大きく左右されます。裏込め注入量、圧力、固化時間など綿密な計画のもとに、入念な施工が要求されるものです。
⑤【セグメント沈下】裏込め材固化の完了後、セグメントに荷重が伝達され、変形の発生とともに周辺地盤も挙動するため、地盤沈下が生じます。
⑥【後続沈下】シールド機の通過後、緩やかに継続する沈下で、主に地盤の乱れに起因する圧密沈下による地盤沈下です。硬質地盤では早く完了するものの、軟弱粘性土では半月から数週間継続することがあります。
　以上の順序で発生する沈下は、横断方向にはトンネル中心で最大となる正規分布曲線の形状を示すことが知られています。

トンネルを掘削しようとする地点の地質はどのように調べるのですか？

　トンネルは細長い構造物であり、地下深くに設けられるので、トンネルの掘削の前にあらかじめできる地質調査の範囲はかなり限られていて、掘ってみなければわからないことが大部分です。しかし、地形、地質、水文等はトンネルの安全性、経済性の評価のために最も必要な情報であることは間違いありません。ここでいう調査は、ルート選定や最初の計画のための調査ではなく、設計、施工のためのものとして述べますが、できるだけ精度を高く、広範囲な調査を実施することが望ましいといえます。

　特に坑口付近や、膨張性地山、ガスをもった地山等、特殊地山については、より詳細な事前の情報が必要です。まず、概略設計のための調査には踏査、水文調査、弾性波探査、電気探査等が実施されます。そしてこれらの調査結果から的を絞って、例えば坑口部や破砕帯と思われる地点にボーリング調査を実施します。トンネル全線にわたってボーリングをすると、精度の高い地山情報を得られますが、経済性の面や地形的な制約からそうはいきません。そこで全線の概略がわかる弾性波探査が主流となります。弾性波探査は、弾性波速度が地山の性状と関わっていることを利用して行われるもので、固い地山ほど弾性波速度が速くなります。この方法は、トンネルのような線状の構造物の地質調査には強力な武器なのですが、トンネルの上部に固い地山の層があり、その下の軟弱な地層にトンネルを掘る場合には、地表面から実施する弾性波探査で、トンネル上部の固い地層をとらえてしまって、肝心の軟弱層をとらえきれない場合が多いため、注意を要します。

　その点ボーリング調査は、地下の地質を直接観察し、あるいは供試体を

とって試験室で試験をし、物性値や力学特性が得られるので、最も確実な方法であるといえます。さらにボーリング孔を利用して、孔内試験、物理検層、水位観察などができます。このように、ある程度精度の高い情報収集の可能なボーリングですが、地形によっては地表面に寄りつけないところもあり、多くの個所でできるわけではないので、坑内で水平に実施することが増えています。

　他の項でふれる地下発電所のような大空洞では、地山条件が構造物に与える影響が普通のトンネルよりも大きいことから、事前に入念な調査が行われます。このような場合には、必ず調査坑が掘削されて、目的に応じた調査、計測、試験等が行われます。この調査項目としては、①施工性、②地質、③地山強度、④地山の亀裂、⑤自立性、⑥湧水、⑦地山物性値、⑧力学特性、⑨土圧、⑩変位、⑪温度、⑫ガス、等ですが、目的に応じて必要な調査がさらに詳細に実施されます。これらの調査は大空洞に限らず、特殊地山についても同様に実施されるべきものです。

3　トンネルの調査・設計

山岳トンネルの支保の設計はどのように行うのですか？

トンネルは地山の中に設けられる線状の構造物なので、周辺環境や地山条件などの影響を大きく受けることとなります。そのため設計、施工にあたっては、十分な調査が必要です。まず、路線や断面が決定された後、設計、施工のための詳細な調査がなされます。この時点で、トンネルの支保の設計がどのように行われているのかをみてみましょう。支保の設計は、発注時に工期、工費などを決める基本となるものです。しかし、トンネルは掘ってみなければよくわからないというのが事実で、実施工段階で観察や計測によって地質の詳細を把握し、発注時点の設計支保を最も安全で経済的なものに変更していくことが通常行われています。

さて、支保の設計にあたっては、切羽の自立性、土圧、変形、湧水などの地山特性を考慮して、吹付けコンクリート、ロックボルト、鋼製支保工などのサイズ、数量、材質などを決定することになりますが、その方法は次のような3種類の方法を組み合わせて行われています。

まず、通常の道路や鉄道のトンネルのように同一断面で施工されたトンネルが数多くあり、特殊な地山条件でない場合には、標準支保パターンを用いて支保の設計がされています。

次に、計画地点の近くにすでにトンネルがあり、その設計、施工についての記録や、資料が残っている場合には、比較的高い精度で計画地点のトンネルの設計ができることになります。

最後に、最も難しい設計となりますが、特殊な地山条件、特殊な断面、特殊な位置等の条件下では、上記の標準支保パターンを使うわけにはいきません。さらに、類似条件での設計の適用も、件数が少なすぎて使うわけ

にはいきません。このような特殊な場合には、解析手法を適用して設計することになります。特殊な例としては、膨張性地山、土砂地山、地滑り地山、土かぶりが極端に大きいか小さい地山、大断面の場合、重要構造物が近接している場合等、変形が大きくなると予想される場合、地表面沈下や他の構造物への影響の制限が厳しい場合などがあります。この解析手法には理論解析、数値解析、逆解析などの方法があります。これらの解析手法を用いるにあたって、最も重要な要素として地山条件、すなわち物性値の評価があります。大きな地山から切り出した、ごく小さなコア（供試体）を試験室で試験した結果である物性値をいかに評価し、どのような値を使うか、とても難しく、そもそも無理なところがあります。そこで最近は有限要素法（FEM）や個別要素法（DEM）で解析を行い、設計し、施工時の計測でわかる変形を入力データとして、地山の物性、初期応力状態や支保部材の発生応力、地山のひずみ状態を求める方法、すなわち逆解析手法を用いて、当初の設計を見直していく方法が取られています。

トンネルのゆるみ地圧とは
どのようなものですか？

　ゆるみ地圧というのは、トンネルを地山中に掘った時に生じる地山の圧力のうちのひとつで、トンネル施工中の緩んだ地山の塊が、重力の作用によってトンネル内空側に落ちようとする圧力です。したがって天端（トンネルの天井部）では特に強く、側壁では弱く現れ、底盤には生じないのがゆるみ地圧です。この圧力はそれ自身が荷重となるので、ゆるみ荷重といわれています。

　このゆるみ地圧は、あらゆる種類の地山に生じ得るものです。土かぶりの浅い土砂地山のようなところで生じることは容易に理解できるところですが、非常に堅硬な岩盤においても、層理、片理、クラック等があれば、その周辺で緩みが発生し、重力方向に岩塊が移動しようとします。地山中にある層が急傾斜していて、走向に直角にトンネルを掘っていく場合、ゆるみ地圧による影響は最も少なくなります。これに反して、層の傾斜が急である場合に、この走向と一致するようにトンネルを掘っていく時、ゆるみ地圧は最も大きく作用することになります。

　ゆるみ地圧が発生する場合のトンネルの掘削方法としては、できる限りこの地圧による荷重を小さくするように掘削し、トンネルの1次支保や2次支保にかかる荷重を小さくしてあげることが、合理的なトンネルの施工法といえます。このために堅硬な岩盤においては、発破の影響が大きな要素となるので、発破の施工法、火薬類の種類、量等を適切にすることが大切です。土砂地山の場合には、掘削終了後、支保をどれだけ素早く設置できるかが勝負となります。といっても先行変位という形で、トンネルを掘削する前に既に前の掘削によって、緩みは始まっているので、全く緩ませ

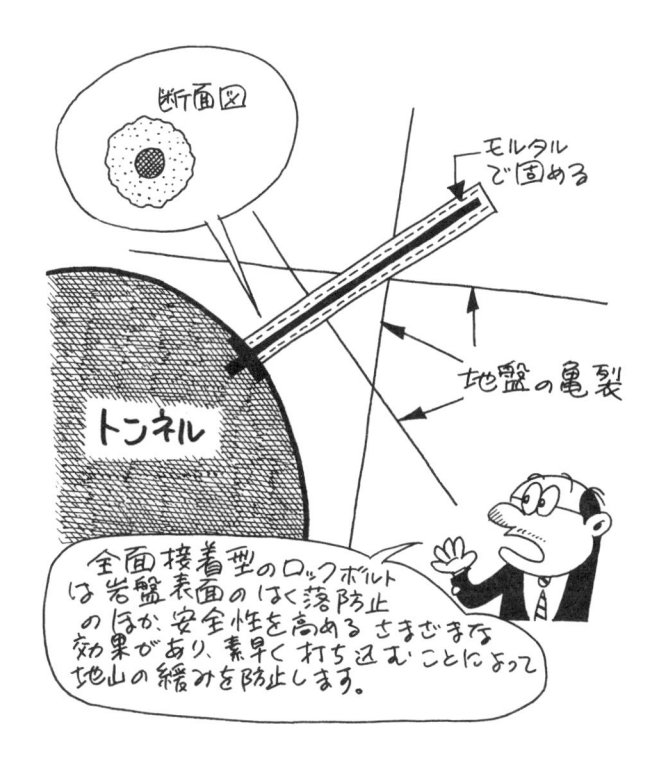

ずに掘削することなど不可能です。したがって、いかに小さなゆるみ地圧のうちに適切な支保で押さえることができるかが問題となります。

　トンネルの掘削された壁面で、ロックボルト（イラスト）などを使い、適当な力で地山を押さえることを支保といいますが、この支保が小さすぎたり、設置する時期が遅すぎたりすると、トンネルの壁面が緩み、さらにその奥が緩み、どんどん緩み範囲が拡大していきます。トンネルを掘る場合この緩み範囲を最小にすることが、技術者の腕の見せどころなのです。

　矢板工法では、どうしても支保と地山が密着していない部分があり、この部分に後追いで周辺地山が緩んでくる現象がみられましたが、現在主流であるNATMになってからは、この緩みはかなり早い時期に押さえることが可能となったため、後追いでのゆるみ荷重が、覆工コンクリートにかかってくることはないといえます。

トンネルの維持管理はどのように行われているのですか？

　車や電車が走行しているトンネルで、事故が起こると極めて重大な事態になります。ですから、トンネル内の路面やレールの上に小さな石ころやコンクリートの破片が落ちていても、事は重大です。トンネル構造物の機能を長く確保していくためには、トンネルの安全性、耐久性に影響を与える変状を、点検、調査し続けていく必要があります。

　この点検、調査が維持管理の上で最も重要な要素となります。そして、変状を見つけたら、その状況、程度に応じて詳細な調査を実施することになります。点検にはパトロールカーなどによる巡視、あるいは通行による巡視といった日常点検があります。次に、歩きながらの目視による定期点検があり、その他、集中豪雨や地震の発生時に行う臨時点検があります。これらの点検において、留意しなければならない事項は、できるだけ定量的に記録し、その後の変状の進行が確認できるようにしておくことです。現地にマーキングをしておくこともその方法のひとつです。

　そして点検によって発見された変状の状況と健全度を把握したうえで、その原因を推定することになります。この原因の推定、対策工の要否の判断などを調査といっています。調査は、点検結果に基づく判定により、要調査と判定された場合に実施される標準調査と、標準調査では原因の推定が困難な場合や、標準調査後の監視により変状規模が大きいか、進行しているような場合に行われる詳細調査があります。この点検、調査を行う人はトンネルの知識を持った専門家が最も好ましいのですが、人員や予算、組織の関係で、点検は毎日通る新聞配達の人に見てもらうなど、モニターを決めて実施している場合もあります。しかし、調査はトンネルの知識を

持った専門家が、責任を持って行う必要があります。
　この調査で変状の原因が特定できたら次は対策を施すことになります。対策の目的は、トンネルの耐久性を向上させること、変状原因を軽減したり除去すること、通行車両に対する危険防止、美観の向上等のために行うものです。変状の原因がわかれば対策も決めることができますが、最も難しいのがその原因を特定することです。なぜなら、いろいろな原因が重なり合っている場合が多いからです。すなわち、地山や地下水の圧力を受けて入るクラック、コンクリートなどの材質が劣化して入るクラック、コンクリートの特性でやむを得ず入るクラック、それらが簡単には判定できないのです。
　そのため、施工時の地山状況や支保パターン、湧水状況などを記録して保管しておくことが必要な条件となります。そして、実施した調査、つまり、対策についての記録も大切です。まだ数値解析による補強効果の設計が難しく、過去の事例を参考にして総合的に判断する必要があるからです。

3　トンネルの調査・設計

コラム―5　　　★富士五湖をつなぐトンネルとは？

　富士火山の北麓には東から山中湖、河口湖、西湖、精進湖、本栖湖と連なる5つの湖があり、富士山とよく調和した美しい景観を作っています。これらの湖は、北の御坂山地と富士山との間の谷が溶岩によってせき止められてできたものといわれています。

　五湖の水は、富士山からの伏流水で、富士山の降雪や降水量が五湖の水量と密接に関係しています。湖の大きさは、山中湖、河口湖、本栖湖、西湖、精進湖の順となっています。深さでは、本栖湖が最も深く、西湖がそれに続きます。五湖の海抜は山中湖が一番高く、西湖、精進湖、本栖湖は同じ水位ですから、地下トンネルでつながっているといわれています。

　約1万年前の噴火活動の際、忍野湖、河口湖、セノウミ、本栖湖ができたといわれています。846年の貞観噴火では富士山北西麓から多量の溶岩（青木ヶ原丸尾）を流出し、セノウミを分断し、西湖と精進湖とができ上がりました。高温の溶岩は湖水に入り急冷され、枕状溶岩となり、それらが団塊状になります。西湖、精進湖、本栖湖の水位が等しいのは、団塊中あるいは、団塊間の非常に大きな間隙を通して、この3つの湖水がつながっているためと思われます。

　青木ヶ原の樹海で有名なように富士山自体がミステリーゾーンですが、富士五湖もそのひとつです。特に「西湖」は自殺者や溺死者などが多く、溺死者は死体が発見されないこともあったらしく、地下トンネルに原因があるのではといわれています。いずれにしても、成仏できない霊が観光客や「自殺志願者」などを多く招き寄せているといわれているので、水辺や湖面ではくれぐれも細心の注意を払うほうがよいでしょう。

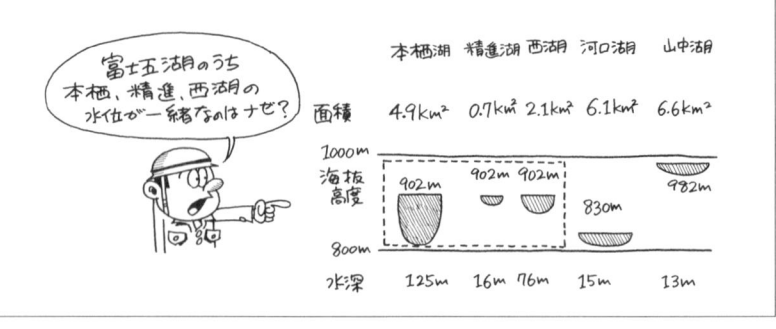

富士五湖のうち本栖、精進、西湖の水位が一緒なのはナゼ？

	本栖湖	精進湖	西湖	河口湖	山中湖
面積	4.9km²	0.7km²	2.1km²	6.1km²	6.6km²
海抜高度	902m	902m	902m	830m	982m
水深	125m	16m	76m	15m	13m

トンネルの施工

　水を多く含んだ非常に軟弱な地盤の場合、そこにトンネルを掘ると周辺の地盤が崩れてしまいます。この難問に応えたのが19世紀半ばにイギリスのウエールズの鉱山で採用された凍結工法です。凍結管を地中に差して土中の水分を凍結させ、地盤を硬くして掘削する方法です。このように技術者たちはいろいろなことを考え、技術の向上を図っているのです。
　ここでは、自然や地球環境へ配慮する技術、情報化施工技術、NATM工法をはじめとするいろいろな工法の紹介から、最近話題になっているトンネル内でコンクリートが剥落する原因であるコールドジョイントについても解説します。

トンネルを掘ると地下水にどのような影響を与えるのでしょうか？

　地下水は雨の水が地表から染み込んで、地盤中の砂層や砂礫層、割れ目の多い岩盤などの中に蓄えられ、井戸や自然の湧き水から採取されて飲用や工業用、かんがい用などに使われています。また地下水には地表の温度や湿り気を保持する役割もあり、植物などの生態系維持にも不可欠です。

　このように人間の生活や自然環境に大切な地下水ですが、トンネル工事の時に、そのトンネルが地下水を蓄えている帯水層に突きあたると地下水が大量に湧き出ることが考えられます。地下水が大量に湧き出ると、周囲の土も一緒に押し流し、トンネルが崩落する原因になることがあります。そこで地下水を多く含んだ砂層や砂礫層にトンネルを施工する場合、地表面やトンネルの掘削先端部（切羽）からボーリング孔を開け、あらかじめ掘削する場所の地下水を強制的に抜く作業がよく行われます。水を抜いて地下水位を下げると地盤が安定し、トンネルが掘りやすくなるのです。

　ところが、このような地下水を強制的に抜く工法は、トンネル周辺の地下水環境に何らかの影響を与えることが考えられます。まず、地下水位を下げることによって近隣の井戸の水量が減少したり、場合によっては井戸が枯れたりすることが考えられます。また、地下水位が下がることで地表面が乾き、それまでの自然の植生が変わってしまうことも起こり得ます。

　地下水位が低下するともう一つ重大な結果を招くことが考えられます。それは地盤沈下を引き起こすことです。帯水層は通常、粘土層に挟まれて存在します。地下水位より下の地層であれば、帯水層だけでなく粘土層にも地下水が多く含まれていますが、粘土層は地下水を非常に通しにくい性質を持っているので、トンネルを掘っても粘土層から大量に水が出たりす

ることは起こりませんし、含まれている水を抜くことも容易にはできません。ところが、帯水層の地下水を抜くと、帯水層内の水圧が減少し、粘土層と帯水層それぞれの水圧のバランスが変わることによって、粘土層の中に含まれていた水が帯水層へゆっくりとしぼり出され、粘土層が収縮してしまうのです。これは圧密現象と呼ばれ、地盤を沈下させ、周辺に存在する既設構造物に悪影響を与えてしまいます。

　それでは、地下水を多く含んだ地層に地下水を抜かないでトンネルを作るにはどうしたらよいでしょうか。1つの解決策としてセメントミルクや水ガラス系の薬剤などを地盤の間隙に注入して固め、トンネルの周辺地盤の地下水を通しにくくする工法が考えられます。この方法はグラウト工法と呼ばれ、青函トンネル工事でも行われ、大きな実績を上げました。

　以上はトンネルを施工している時に気をつけなくてはならないことですが、トンネルを作り終わってからも地下水への影響を考えなくてはならないケースがあります。例えば、開削トンネルでは、地表から掘削してトンネル構造物を作りますが、その際に山留め壁が必要になります。しかし、トンネルが完成した後も山留め壁が地下に連続して残されて、それが地下水の流れを遮り、下流側の地下水位を低下させて、井戸枯れや地盤沈下の原因になることがあるのです。このため、はじめから透水性のある山留め壁を止水板とともに施工して、後からその止水板を抜き取ったり、トンネルの両側に井戸を掘って地下水を上流側から下流側へ迂回して通水させたりするような工法が近年考えられています。

自然や地球環境に配慮する技術にはどのようなものがありますか？

　2000年6月、国会で廃棄物処理に関する6つの法案が成立しました。このうち、建設業界に深く関連するのは「廃棄物の処理及び清掃に関する法律（改正廃棄物処理法）」と「建設工事に関わる資材の再資源化に関する法律（建設リサイクル法）」です。循環型の社会を形成し、自然や地球環境を少しでも保全しようとする意図で成立したこれらの法案の施行により、今後さらに自然や地球環境に配慮する技術が脚光を浴びることになります。ここでは、トンネル工事に関連した自然や地球環境を守るための技術の中から、そのいくつかを紹介しましょう。

【掘削土のリサイクル技術】トンネル工事から排出された汚泥の多くは、現場での脱水処理や、セメントや石灰を添加する固化処理などにより、含水率を下げる処理が施されています。そしてこれらの処理土は、道路の路床や堤防の築造材、宅地造成工事の盛土などへの利用が期待されています。また近年では、シールド工法で浅い水底トンネルを施工する際に、シールドによる掘削土にセメント系材料を混合した処理土をシールドトンネルの上へ覆土し、トンネルの安定化を図る工法も開発されています。

【リサイクル建材の利用】建設構造物の解体時のガラス、セラミックス、下水汚泥と生活廃棄物などの焼却灰などから作られた外壁材を、積極的にトンネル内壁工事に使うケースが増えています。

【自然植生の保全・再生技術】トンネルの設計・施工にあたっては、自然生態系の改変を最小限に抑えるだけでなく、自然植生を積極的に保全・再生することも必要です。例えば湿生植生の場合、日本の湿地植物や植生構造などの基礎研究成果を踏まえながら、的確に保全・再生する技術が開発

されています。また、トンネル坑口付近などの法面（盛土や切土によって人工的に形成された斜面）に、周辺の景観に調和し、安定性が高い日本在来の植物を中心とした群落を生成させることも実施されています。これは、植物生態学などをベースに現場周辺の環境調査を実施し、その結果に基づいて最適な種子配合、および生育基盤材を設計するというものです。

【伐採材炭化利用技術】トンネル坑口部などでは多くの樹木を伐採することがしばしば必要になります。これら伐採材の処理方法のひとつとして、木炭を作ることが考えられており、伐採材を現場内で安全に、そして簡単に炭化させることができるシステムも開発されています。生成した木炭は燃料として利用できるほか、法面緑化などの土壌改良材や水質浄化材としての活用も可能となります。

【濁水処理技術】トンネル工事では、地下からの湧水、工事に用いた水、プラントの洗浄水など多くの濁水が発生します。しかし、これらを河川や下水道に勝手に放流することは水環境の悪化を招きます。したがって、トンネル工事を行う場合、必ず濁水処理設備が設置され、濁水は沈殿・浄化処理されています。

凍結工法について教えてください。

シールド工法では、シールドマシンを地中に入れなくてはなりません。あらかじめコンクリートなどでできた立坑を施工し、そこからシールドマシンを入れて、マシンを発進させるのですが、とりあえずシールドマシン断面の大きさの穴を開ける必要があります。しかし、立坑周辺の地盤が非常に軟弱な地盤の場合、穴を開けたら周囲の土砂が崩壊して立坑へ流れ込んでくる危険があります。その時、周囲の地盤が崩れないようにする工法のひとつとして、周囲の土を凍らせて固めてしまう「凍結工法」が採用されることがあります。ここではこの凍結工法についてお話ししましょう。

凍結工法は地盤改良工法のひとつです。19世紀の半ば頃、イギリスにあるウエールズの鉱山で、立坑を掘削する時に初めて採用された工法であると伝えられています。日本では1960年代前半に大阪府守口市の水道管敷設工事で初めて用いられたそうです。

凍結工法では、凍結管と呼ばれる管を地盤の中に何本も突き刺し、その中に冷凍機で-30℃に冷やしたブラインと呼ばれる冷却液（通常は塩化カルシウム水溶液）を流します。すると、凍結管の周りの土に含まれる水分が凍結管を心棒にして、アイスキャンデー状に凍り始めます。さらに冷却液を流し続けると、土の中のアイスキャンデー状の氷の柱は太くなり、それぞれの土のアイスキャンデーはお互いにくっつき合い、ついには地面の中に氷の壁を作ることになります。そして、凍った土は元の土に比べてその硬さや強さが大幅に向上しています。

このような凍結工法は、例えば、シールドトンネル同士の接合工事や周辺に重要な構造物があり、これを防護しながら地盤の中を掘削するような

凍結管

凍って固まった領域

場面での地盤改良工法として用いられます。東京湾横断道路（東京湾アクアライン）の工事でも、先述したシールドマシンの発進防護で用いられました。

　凍結工法は、一度凍結した土でも工事が終わって解凍すれば、元に戻るので、安全な無公害工法であるといえます。ただし、凍結から解凍までは数カ月かかるのが普通です。また凍結設備にも多くのコストがかかります。したがって、工期が十分にある大規模工事で、ほかに適切な地盤改良方法が採用できない特殊な場合に用いられる工法であるといえるでしょう。

トンネルの情報化施工とはどのようなものですか？

　トンネル技術者の使命とは山岳部でも、都市部でも、地盤が良好でも、軟弱であっても、地中に安定したトンネル構造物を適正に、安全に経済的に作ることです。

　そこでトンネルを作ることによって、どのような現象が起こるかを予測することが必要となります。しかしながら、トンネル工事において、予測された現象と実際との間に差異が生じるのは当然のことといえます。

　これは、トンネルを作ろうとする地盤や岩盤は、元来、複雑多様な自然そのものであり、事前に地盤の状態を正確に把握することはその不確定性から、非常に困難なことに起因しているからです。さらに、設計や現象の予測では荷重条件、構造条件、施工方法について、さまざまな仮定がなされ、相応の信頼性ある計算方法が実用に役立てられているものの、すべての条件を満足する完璧な計算方法が存在しないことも原因のひとつです。

　これらのことから、どんなに綿密な調査をし、どんなに正確な予測をしても、地盤は予測と異なる動きを示すことのほうが多く、このことは、トンネルに携わるすべての技術者が経験しています。ここに、経験工学の代表格と呼ばれるトンネル工学の重要な役割が位置づけられています。つまり予測と実際との差異をどのように理解し、解決するかがポイントであり、その手法が情報化施工という工学的手段です。

　情報化施工とは、常に変化する現場の状況を定量的に捉え、その時点での現況を把握し、設計値と現象値との差異を追究し、各時点で設計を見直し、そして次段階以降の計画を最新の情報を用いて、検討・確認・修正を行いながら施工を進めるものです。

情報化施工の考え方は、1948年にテルツァギとペックによる『Soil Mechanics in Engineering Practice』の中で、Observational Procedureとして紹介されています。これを起源として、情報化施工は今日まで発展してきました。つまり、当時は観察に基づいて施工方法を見直す程度であったものが、エレクトロニクスの発達に伴う計測機器とコンピュータの急速な発展・普及により、トンネル工学でも一般的な手法となったのです。

　現在では、大規模で複雑な工事であっても、時々刻々と得られる莫大な計測データをコンピュータで解析して、的確に状況を判断し、予測と実際との差異を追究するとともに、その後の適切な施工方法を意思決定するところまで、リアルタイムにできるようになってきました。

　しかしながら、情報化施工を実効あるものとするためには、留意しなければならないことも数多くあります。例えば、全体を見通した計測計画、想定される事象の挙動予測に基づく対策の準備、素早い対策の実行などが挙げられます。いずれにしても、トンネル技術者の使命を果たすために、情報化施工をどのように利用するかが重要です。

MMST工法とは何ですか？

　道路や鉄道などのトンネルは、非常駐車帯やインターチェンジのランプ部、駅に乗り入れる部分などではトンネルの断面を徐々に大きくする必要があります。シールド工法でトンネルを作る場合、普通このような断面が拡幅するところは地上から土を掘削してコンクリート製の構造物（躯体）を現場で作ります。なぜなら一般的に、シールド工事で使う掘削機（シールド）は、いったん製作して使いはじめると、その形状を変えることができないからです。

　都市の過密化に伴って、地上だけではなく、地下にもいろいろな構造物ができている現在では、場所によっては断面が拡幅するトンネルを地上から作ることができなくなってきています。

　そこで考えられたのが、MMST工法です。MMST工法はMulti-Micro Shield Tunnelling Methodの頭文字を集めて命名した工法で、イラストを見るとわかるように、小さなトンネルをたくさん作って、それぞれのトンネルをつなぎ合わせ、その後、トンネル内部の土砂を掘削して大きなトンネルを作ってしまおうというトンネル工法です。こうすれば、つなぎ合わせる部分のすき間をだんだん大きくしていくことで、トンネルの断面を大きくすることもできるし、逆に大きなトンネルを小さくしていくことも可能で、地上から穴を掘る必要はなくなります。

　またMMST工法は、大きなトンネルを小さなトンネルの集まりとして作るため、周りの地盤をあまり乱すことがありません。砂場で大きなトンネルを作るとすぐ壊れてしまうのに、小さなトンネルなら壊れにくいのと同じ原理です。したがって大きなトンネルを地下の浅いところに作ったり、

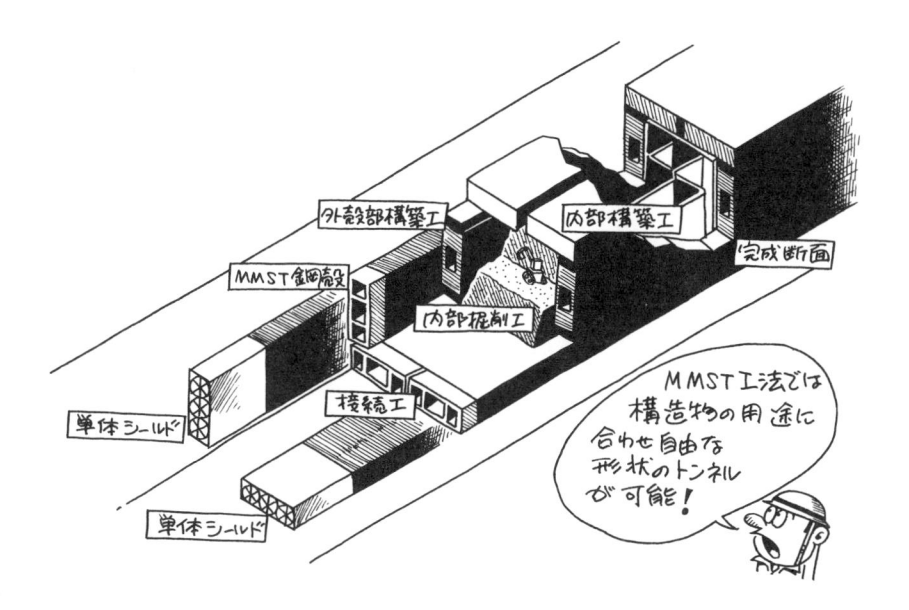

図中ラベル：外殻部構築工、内部構築工、MMST函体設、内部掘削工、完成断面、単体シールド、接続工、単体シールド

吹き出し：MMST工法では構造物の用途に合わせ自由な形状のトンネルが可能！

別の構造物のすぐ近くに大きなトンネルを作ることも可能となります。

普通のシールドトンネルは、円形が一般的であるのに対し、MMST工法は小さなトンネルの組み合わせによっていろいろな形状のトンネルを作ることができるので、構造物の使い道に適した形状のトンネルができるのも特徴のひとつです。

この工法による初の実施工は、首都高速道路の高速川崎縦貫線の大師換気所換気洞道工事で、試験工事として行われました。トンネルは全部で3本あり、すべて矩形断面形状でした。内空および工事延長は、それぞれ9.8 m（横）×9.2 m（縦）×75.4 m（延長）、8.6 m×10.5 m×77.7 m、および10.6 m×9.2 m×60.0 mです。

この試験施工を経て、同じ高速川崎縦貫線においてMMST工法による首都高速道路の本線が現在施工されています。

古くなったトンネルを新しくする方法はありますか？

　ここでは「トンネルを新しくする方法」という質問を「点検結果に基づき修繕により新設時と同等以上の性能に維持する方法（維持管理および対策方法）」と置き換え、代表的な山岳トンネルについて説明しましょう。

　管理者は、定期的にトンネルの点検・診断を実施しています。点検の種類には初期点検、日常点検、定期点検、詳細点検、および緊急時点検があり、初期点検～定期点検は主に目視、および打音調査（イラスト）により行われ、変状展開図として記録されます。これらの点検により、新しい変状が発見された時、変状の進展が著しい時等に、修繕が必要か否かを詳細に点検し、検討が加えられ、対策方法が決定されるのです。なお、緊急時点検は、地震や火災等の異状災害の直後に行われる点検です。

　トンネルの変状は一般的に覆工コンクリートに現れます。具体的には、ひび割れ、食い違い（目違い・段差）、剥離・剥落、圧壊・圧ざ（圧縮力によるひび割れ）、漏水、断面の変形（押し出し、盤膨れ）等、さまざまです。これらの変状の主な原因は、土圧作用、覆工コンクリートの品質不良、地盤の変動、地山の凍結、地震などです。ＪＲ山陽新幹線のトンネル覆工コンクリートが剥落して列車を直撃し、あわや大惨事になりかけたことを記憶している人も多いでしょう。

　公共性の高いトンネルをそのような事故から守るための対策として、次のような方法（補修・補強）が採用されています。

①【偏圧を回避、土圧を軽減する方法】トンネルの構造上、土圧がバランス良く保たれていれば、覆工コンクリートに変状・異状は生じません。土圧のアンバランスを修正する目的で、保護盛土、保護切取り、裏込め注入

等の対策が実施されています。

② 【土圧に抵抗する方法】まずトンネルが崩壊することはありませんが、土圧によりトンネル断面に変形が生じると、トンネルの内空断面を確保できず、また、覆工コンクリートの剥落にもつながる恐れがあり、望ましくありません。土圧に力で抵抗する対策として、支保工・内巻きによる補強、劣化した覆工の打替え・部分改築、インバートの設置、ロックボルト工、FRPシート接着・鋼板接着による補強（内面補強）等があります。

③ 【剥落を防止する方法】覆工コンクリートの剥落片が走行車両や通行人を直撃し、第三者に影響をおよぼすことがあります。そのような事故を回避することを目的として、防護ネット・金網等の設置、吹付け工法、内面補強等が実施されています。

④ 【漏水を防ぐ方法】トンネル内での漏水は、トンネル内の鋼製付帯設備の腐食原因になり、特に鉄道にとって電気・信号ケーブルの損傷にも被害がおよぶことから、漏水は避けたい変状です。また漏水が冬季につらら状になると車両走行の妨げにもなり、好ましくありません。対策としては、止水工法、導水工法（線防水・面防水）、吹付け工法、水位低下工、裏込め注入、凍害対策（断熱工法）等が実施されています。

これらの対策でも手に追えない場合には、実例は少ないものの、ルートを変更し、新規にトンネルを作り直すことがあります。

なお、トンネルの「維持管理および対策方法」はトンネル所有者、あるいは使用形態（鉄道・道路・水路トンネル、共同溝等）によって少しずつ異なっているので、対象とするトンネルに合った点検と対策が必要です。

シールド工法の自動化技術にはどのようなものがありますか？

　シールド工法は同じ作業の繰り返しが多いことから、数多くの土木技術の中で、最も自動化に適した工法であるといわれています。しかし、シールド工法を全自動化するには、数多くの施工プロセスを自動化しなければならないため、完全自動化には至っていないのが現状です。
　現在ではシールド機の自動切羽安定制御、シールド機の自動方向制御、自動裏込め注入制御、自動掘削土砂搬出、セグメント自動搬送、セグメント自動組み立て、入坑安全管理などが実用化されています。
　以下に、代表的な自動化システムを紹介します。
①【総合掘進管理システム】切羽の状況や掘進状況を小型コンピュータにより、短い計測間隔で全自動計測し、モニターに表示するものです。特に切羽の圧力バランス、理論掘削土量と実掘削土量とのバランス、さらには、シールド機の施工パラメータなどを基準値と比較して、最適な掘進を保持するものです。
②【自動誘導システム】シールドを自動誘導することは、測量によって、シールドの位置・姿勢を認識し、計画路線からの偏差を求め、修正するために必要な制御量を解析し、そして計算された制御量に適応するシールドジャッキの選択・運転を行うことからなっています。この制御計算には、カルマン・フィルタ理論やファジーなどが用いられています。いずれにしても、高精度かつ省力的な自動誘導には自動測量が不可欠です。現在、実用化されているものは、ジャイロコンパス方式、レーザ方式、TVカメラがあり、さらにこれらを組み合わせて使用することもあります。
③【自動裏込め注入制御】掘進に伴う周辺地盤への影響を最小限に抑える

ため、シールド機の余掘り量に応じて注入量と注入圧力を制御するシステムです。また、裏込め材の在庫管理、プラント運転状況の監視も行うものです。
④【セグメント自動組み立てシステム】セグメント自動組み立てシステムは、セグメントのエレクタ（組立機械）への供給、セグメントの把持、位置決め、ボルトナットの供給、ボルトの締結などの一連の作業をシステム化し、自動制御するもので、セグメント自動組み立てロボットともいえるものです。特にトンネル断面が大きくなると、組み立て時間の短縮効果が高く、組み立て作業の安全性向上、組み立て精度の向上が顕著となります。
⑤【入坑安全管理】入坑者の状況を管理するとともに、坑内の環境（温度、湿度、酸素濃度、メタンガス濃度、硫化水素）を常時連続的に計測するほか、緊急時の警報装置も備えており、工事の安全性向上、および事故防止には欠かせない人にやさしいシステムです。

シールドマシンの方向制御技術にはどのようなものがありますか？

　シールド工法においては、計画路線に従ってトンネルを構築しますが、地盤中を掘進とともに変化するシールドマシンの位置や姿勢を常時、精度よく把握し、シールドマシンを目標に誘導する運転技術が必須です。
　シールドマシンの自動誘導には、シールドマシンの位置や姿勢の測量、シールド推進ジャッキの操作が必要となります。
①【シールドマシンの位置・姿勢測量】シールドマシンの自動方向制御では、掘進とともに変化するシールドマシンの位置・姿勢をリアルタイムで把握することが最も重要です。シールドマシンの位置測定は、トンネル坑内の基準点測量とシールドマシンの位置測量によって行われます。基準点測量はトラバース測量とレベル測量からなり、シールドマシンの位置測量はマシンに設置したターゲット（基準点）を測定結果とシールドマシンに搭載されているローリング計、ピッチング計から、シールドマシンの平面位置、縦断位置、姿勢を計算します。シールドマシンの自動測量は基準点からのレーザ方式、ジャイロ方式などによって、多く行われています。
◎レーザ方式：レーザ方式の自動測量とは、トンネル坑内で最もシールドマシンに近い基準点に、光波距離計つきレーザトランシットをセットし、シールドマシンにセットしたターゲットを捕捉して、シールドマシンの3次元位置を測定するものです。
◎ジャイロ方式：ジャイロ方式には、方位の変化を測定するレートジャイロと、常時真北を指す方位ジャイロとがありますが、いずれもピッチング計、ローリング計、ジャッキストローク計、レベル計などと組み合わせて、シールドマシンの位置・姿勢を測定します。

②【方向制御理論】従来は熟練技術者の経験と勘により、シールドジャッキの使用パターンを1リングに1回程度変更することで定性的に実施していました。そこで自動制御にあたっては、熟練技術者のノウハウをいかにモデル化するかが重要になります。これには、以下に紹介するファジー理論やカルマン・フィルタ理論などが利用されています。

◎ファジー理論：家電製品によく取り入れられている簡単な制御技術で、人間特有のあいまいさを数量化した制御理論です。シールドマシンの方向制御にあたっては、熟練技術者のアンケート結果をもとに、制御方式が決められています。

◎カルマン・フィルタ理論：カルマン・フィルタ理論とはロケットの軌道制御に応用されていて、シールドマシンの位置・姿勢を予測し、この予測結果に対する制御計算を行うことでフィードバック予測制御となっており、この理論は予測計算と制御計算の両方に利用されています。

③【シールドマシンの方向制御】方向制御は、計画線形上にシールドマシンを誘導するために、数多くのジャッキの中から、最適な組み合わせであるジャッキパターンを選択し、シールドマシンに回転モーメントを与えて、方向を制御するものです。さらに、急曲線ではジャッキパターンの変更だけでは不十分なことも多く、中折れ機構を装備し、シールドマシンの部位によって方向を変化させることで、方向制御することも一般的となっています。

NATMの計測とはどのようなもので何のために行うのですか？

　NATMトンネルの施工は、一般的に1m掘削しては鋼製支保工を建て込み、吹付けコンクリート、ロックボルトを施工した後、再び次のスパンの掘削を行うことを繰り返して工事が進められていきます。その結果、トンネルは周辺地盤の本来持つ強度と、新たに設置された鋼製支保工や吹付けコンクリート、ロックボルトなどの支保部材によって安定を保つことができるといえます。逆に、周辺地盤の強度が低下したり、各支保部材に働く力が限界を超えると、トンネルはその安定を保てなくなります。

　さらにトンネル工事では、掘削を開始する前にあらかじめボーリング調査や物理探査などのさまざまな調査を行って、これから掘ろうとする地盤の特性を知ろうとしますが、トンネルは長大な構造物なので、全線にわたって精度よく、地盤の特性をつかむことは非常に困難であり、施工法の変更を余儀なくされることもあります。施工法を適切に選定（変更）するには、地山やトンネル支保工にどのような現象が生じているのかを正確に知ることが重要となります。

　このような理由から、施工にあたっては、トンネルの内空変位、支保工応力、周辺地盤の変位など、さまざまな計測を実施し、トンネル構造物や周辺地盤、さらには近接する構造物などの安全を確認しながら掘削する必要が出てきます。

　NATMトンネルの計測の目的をまとめると次の4つに集約されます。
①トンネルの安定確認（内空変位、鋼支保工応力、ロックボルト軸力など）
②地山の挙動監視（地中変位、地中沈下・水平変位、地表沈下など）

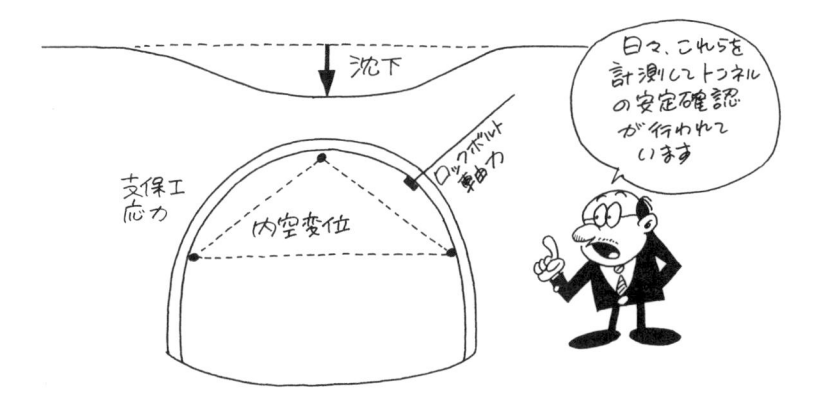

③近接構造物の挙動監視（傾斜計、沈下計など）
④今後のための資料収集

　着目すべき現象は各トンネルによって異なるので、どのような現象に着目し、いかに適切な計測項目・位置・頻度などを設定するかが重要です。

　計測項目は、大きく分けるとすべてのトンネルで必ず実施する計測（A計測）と、必要に応じて追加する計測（B計測）に分けられます。

　A計測は、切羽観察、内空変位・天端沈下の2つで切羽観察は切羽ごと、内空変位・天端沈下は、一般的には10〜20mピッチで実施されます。最近では毎切羽で得られる観察結果から、画像処理により、3次元的な地質構造図を作成する技術も適用されています。B計測は鋼支保工応力、吹付けコンクリート応力、ロックボルト軸力、地中変位、あるいは近接構造物の監視計測などを指し、断層破砕帯区間、土かぶりの浅い区間、構造物と近接する区間などで、A計測だけではトンネル周辺の動きを知るのに不十分な場合、これに補足するために実施されます。

　計測結果からは、トンネル（支保工）にどのくらいの力（土圧）がかかっているか、周辺の地盤はどの範囲まで弱っているか（俗にゆるみ領域などと呼ばれる）などが判断でき、さらには計測結果から周辺地盤の剛性などを逆算することなども行われます。

　いずれにしても、トンネルは施工場所が日々刻々と移動していくものなので、それまでの計測結果をいかに活用し、次の施工区間に反映させていくかが重要なカギとなります。

NATMの計測の管理基準の決め方はどのようにするのですか？

　NATMでは、いったん掘削に伴う変状が生じると、トンネル自身の安定性を損なうばかりでなく、近接構造物にも波及するなど多大な悪影響をおよぼすことになるため、計測管理が重要な位置を占めてきます。

　ただし、ただ漠然と日々計測を続けてデータを収集するだけ、あるいはデータを眺めているだけでは、次施工に有効に活用できず、そのデータは宝の持ち腐れとなってしまいます。得られたデータを有効に活用するためには、あらかじめこの値を超えてはいけないという管理基準値を設定し、その値と照らし合わせて管理するという手法がとられます。

　管理基準値としては内空変位・天端沈下、鋼支保工応力、地表面沈下、ロックボルト軸力などが用いられます。鋼支保工応力、ロックボルト軸力などはその部材の強度に基づいて管理基準値を設定しますが、内空変位・天端沈下、地表面沈下などは周辺地盤の種別、トンネルの大きさ、近接構造物の構造形式などから決定されます。

　また管理基準値は、最終的な限界値のみを設定するのではなく、イラストに示したように3段階程度で設定されます。いきなり限界値に達してしまっては何の対策も講じることができないので、限界値を管理レベルⅢとして、例えばレベルⅡをレベルⅢの80％、レベルⅠをレベルⅢの50％（場合によっては、FEM解析値をレベルⅠに設定することもある）などと設定し、管理します。

　またこの時、各管理レベルにおける管理値とあわせて対策工を設定することが重要となります。すなわち、各管理レベルに達した時に、計測頻度を上げるのか、施工を継続しながら何らかの対策を講じるのか、あるいは

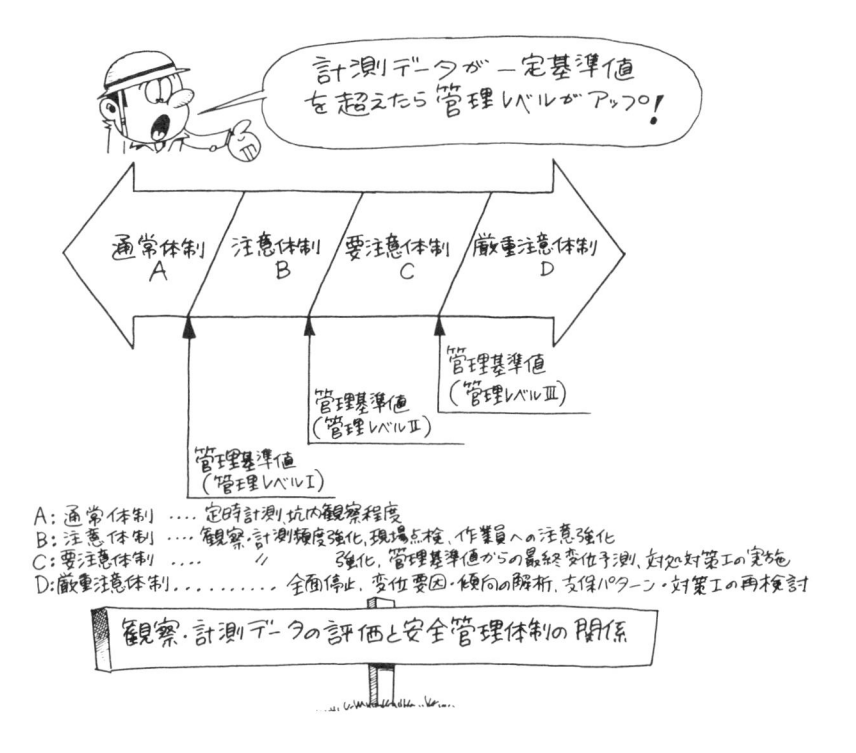

計測データが一定基準値を超えたら管理レベルがアップ！

```
  通常体制 / 注意体制 / 要注意体制 / 厳重注意体制
    A        B         C          D
```

管理基準値（管理レベルⅠ）
管理基準値（管理レベルⅡ）
管理基準値（管理レベルⅢ）

A：通常体制 …… 定時計測、坑内観察程度
B：注意体制 …… 観察・計測頻度強化、現場点検、作業員への注意強化
C：要注意体制 …… 〃 強化、管理基準値からの最終変位予測、対処対策工の実施
D：厳重注意体制 ……… 全面停止、変位要因・傾向の解析、支保パターン・対策工の再検討

観察・計測データの評価と安全管理体制の関係

切羽（作業）を止めるのか、などの判断が速やかに下せるように準備しておく必要があります。

　このように計測管理というのは、トンネルを合理的に施工する上で非常に重要な要素となりますが、計測値というのはあくまでも局所的な値であり、トンネル全体、あるいは周辺地山全体の動きを単独の計測値のみで判断するのは非常に危険なので、各計測項目の相関性などを考慮したうえで全体の動きを把握することが大切です。

ECL工法とは何ですか？

　ECL（Extruded Concrete Lining）工法は、シールド工法におけるセグメントの代わりに、シールド機のテール部で直接コンクリートを打設し、覆工を構築するトンネル工法です。

　シールド工法では掘削、切羽安定保持、方向制御などの技術が格段に進歩し、その一方で、欧州で開発されたECL工法は、昭和60年代に日本に紹介され、セグメントに代わる新しい覆工技術として、掘削から覆工までの全体工程をシステム化できることから、幅広く注目を集めました。

　欧州では、良好な地盤を対象とし、覆工は無筋コンクリート（一部スチールファイバー入り）が使用されていましたが、日本の都市トンネルでは、軟弱地盤への対応や耐震性能の問題から、鉄筋コンクリート構造が求められます。そこで多くの企業が鉄筋コンクリート、鉄骨鉄筋コンクリートを用いるタイプのECL工法関連の技術開発を行い、実用化されました。

　ECL工法は、掘削から覆工まで連続して行う方法で、設備的にはシールド機、型枠設備、コンクリート供給設備などから構成されています。一般的な施工方法としては、シールド機で掘削し、シールドテール部付近で掘削と並行して地山と内型枠の間に直接コンクリートを打設し、その後、プレスジャッキ、あるいはコンクリートポンプ等でコンクリートを加圧した状態のまま、地山に押し出し、地山と密着した覆工を構築するものです。

　ECL工法の長所としては、次のようなものが挙げられます。
①セグメントによる一次覆工、裏込め注入、二次覆工の工程を必要とせず、施工の合理化、掘削断面の縮小が図れる。
②まだ固まらないコンクリートをテールボイドに充填できるため、沈下な

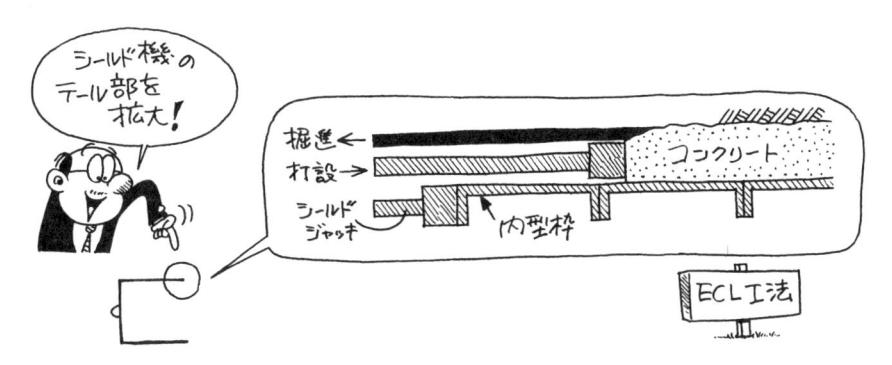

どの周辺地盤に与える影響を抑制できる。
③セグメント継手がないことから、止水性の高いものができる。

反面、セグメント工法と比べ、次の短所が挙げられます。
①シールド機後方には型枠設備とコンクリート供給設備が必要であり、坑内のスペース確保が必要である。
②コンクリートの供給体制の確保と品質管理が重要となる。
③二次覆工を省略する場合、不陸、蛇行の調整ができず、施工精度の確保が困難である。

欧州で開発された無筋コンクリートを使用するECL工法は、日本でも山岳トンネルに十分に適用できるもので、いくつかの実施例があります。一方、日本の都市トンネルを対象にした鉄筋コンクリートを使用するECL工法は、数多くの開発技術が公表されましたが、施工例は数える程度です。これは、以下のような施工面での技術的課題が多いためといえます。
①シールド機テール部での合理的配筋方法の確立
②コンクリートの合理的打設方法の確立
③帯水層での止水性の確保
④コンクリートの流動性、早期強度の発現等、コンクリートの品質管理
⑤無筋コンクリートの場合のクラック防止

今後、ECL工法の普及・発展のためには、上記問題点に対する研究・開発が求められていると同時に、設計・施工・工程・工費など各種の指針類を整備し、実用に向けて環境を整えていく必要があります。

推進工法とは何ですか？

　推進工法は、立坑と呼ばれる地下空洞に推進用の反力壁(はんりょくへき)を設置し、この支圧壁を支点にして既設管（鉄筋コンクリート管、上・下水管等の鋼管）を推進ジャッキで押しながら、掘削・敷設する工法です。トンネルシールド工法と同様、管先端部（羽口部）で土砂の掘削を行い、既設管内から掘削した土砂を搬出し、順次、管を継ぎ足しながら管路を埋設していくものです。

　この工法は、管の推進方法と土砂の掘削方法により、普通推進工法と特殊推進工法に分けられます。前者は、推進管を先端に設置した刃口を利用して圧入し、人力で土砂を掘削・搬出しながら推進する方法です。刃口形状を変えることにより、軟弱地盤から硬質地盤までの広範囲の地盤に適用可能です。後者は、推進管先端部に先導役を務めるシールドを装着して、発進立坑に設置した推進ジャッキで押しながら土砂を掘削しつつ、推進する方法（セミシールド工法）です。

　設備としては、既設管の搬入、および推進ジャッキを配置するための立坑（発進基地、到達基地）、先端部での掘削土の搬出のため設備（ベルトコンベヤ等）を必要とします。また、発進基地（発進立坑）には、管の推進に必要なジャッキ反力に耐え得る強固な支圧壁（コンクリート壁等）や推進台が必要です。

　この工法に用いられる管は、一般のものより肉厚で、管の周面には周辺地盤との摩擦抵抗を小さくするために潤滑油を注入するように工夫されているものもあります。管渠の直径は、普通推進工法（人力掘削）の場合には人が入ることのできる大きさ600〜3 000 mm程度、特殊推進工法の場

合には800〜3 000 mm程度とされています。工事は以下に示す手順で進められます。
①発進立坑、到達立坑を掘削する。
②推進ジャッキ反力用の支圧壁、ジャッキ推進台を設置する。
③土砂の掘削を行いながら、推進台に置いた管（1ブロック）をジャッキで推進する（到達立坑まで繰り返し）。

　管推進に必要なジャッキ推進力Pは、推進先端抵抗力（羽口部が推進するときの抵抗力）、管と周辺地盤との摩擦抵抗力の総和で求められます。
◎ジャッキ推進力P＝推進先端抵抗力＋管と地盤の摩擦抵抗力

　摩擦抵抗力は、周辺地盤の土質条件により異なる値です（硬い地盤では大きい値になる）。

　この工法は、曲線部、延長区間が長い（管と周辺地盤との摩擦抵抗が大きくなる）場合の管敷設には不向きです。

箱型トンネル推進工法とはどのようなものですか？

近年、鉄道および道路と立体交差する工事が数多く行われています。鉄道や道路直下に地下構造物（道路、地下道、水路等）を築造するには、従来、交通手段を通行止めにする開削工法が多く用いられてきました。しかし、最近の交通事情（交通量の増大、交通規制が厳しい等）を反映して、鉄道および道路を通行止めにすることなく、地下構造物を築造する非開削工法による工事が増えてきました。この工法の1つが、箱型トンネル推進工法（非開削工法）であり、次の点を主眼として開発されています。

①鉄道の軌道および道路面下の地盤が沈下、横ずれしないこと。
②鉄道および道路の交通規制（徐行等）が少ないこと。
③地下構造物を比較的浅い位置に築造できること。

この工法は、地盤沈下、横ずれ防止用の箱型ルーフ（中空の鉄製箱形支柱）を地下構造物の形状に合わせて土中に先行して推進しておき、1ブロックずつ箱型コンクリートブロック（ボックスカルバート：工場製作または現地製作）を箱型ルーフに取りつけられた推進ガイド用の薄い鋼板（スライディングプレート）に沿って滑らせながら、順次、置換する工法です。また、硬い地盤中に箱型ルーフを容易に圧入できるよう、箱型ルーフ内にオーガーと呼ばれるドリルを挿入することもあります。

施工は、以下の手順で進められます。

①箱型ルーフおよびボックスカルバート推進用の発進基地（推進架台、推進用ジャッキ台車、推進用反力壁）を設置する。反力壁としてH型鋼杭式、壁式、盛土式、到達反力式等がある。
②箱型ルーフ内にあらかじめ掘削用のドリルを挿入し、地下構造物の大き

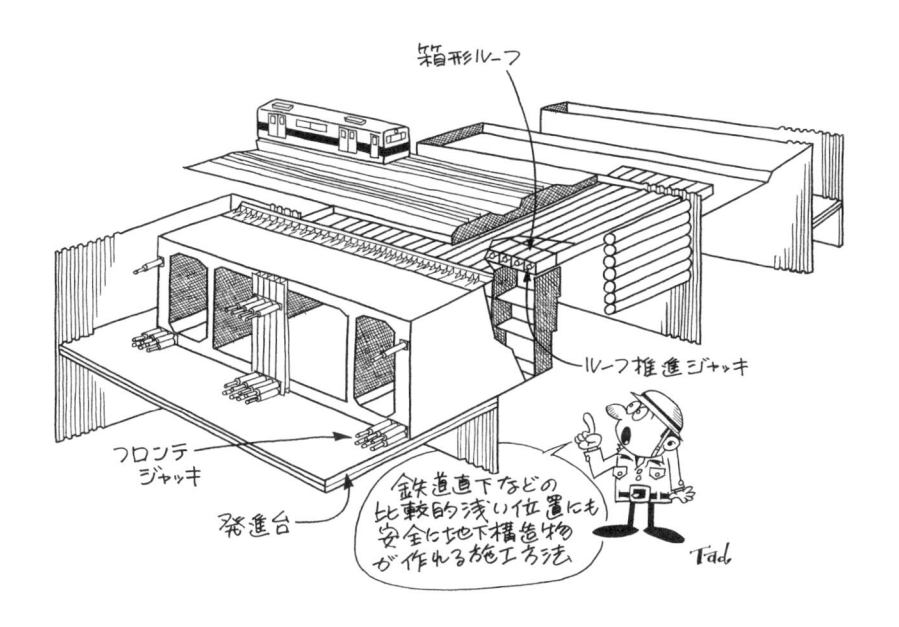

図中ラベル:
- 箱形ルーフ
- ルーフ推進ジャッキ
- フロンテジャッキ
- 発進台
- 吹き出し：鉄道直下などの比較的浅い位置にも安全に地下構造物が作れる施工方法

さに合わせて水平方向に掘削しながら押し込む。箱型ルーフのタイプは、地下構造物の断面形状、地質条件、発進基地の大きさ、近隣状況等により、一文字型、門型、函型に分けられる。

③反力体を固定点として、内部を掘削しながらボックスカルバートを1ブロックずつスライディングプレートに沿って推進ジャッキで押し込み、各ブロックをPC鋼材と呼ばれる材料を使って一体化する作業を繰り返し、順次、到達基地まで箱型ルーフと置換していく。

この工法は、鉄道、道路、河川等直下に地下構造物を作る施工方法として実績があり、既設構造物に影響を与えることなく、安全に施工できるとされています。

山岳トンネルの掘削工法にはどのようなものがありますか？

　トンネルの掘削工法は、地形、地質、環境、断面、延長、勾配、工期、工費等の条件をすべて検討して、最適な工法を選ぶ必要があります。なぜならば、工事の途中で、その工法を変更することは、多大な損失を伴うからです。とはいうものの、当初想定し得なかったような大幅な地質の変化があると、途中で工法を変えざるを得ない場合があります。

　さて、トンネルの掘削工法とは何をいうのでしょう。最も経済的で安全な支保構造で、一掘進で何m確保できるかがポイントになるわけですが、当然、一掘進長が長いほど有利であり、1回の掘削の断面が大きいほど有利であるわけです。ところが地山条件が悪い、あるいは断面が極めて大きいという場合には、トンネルを安定した状態で掘るために、加背を割って施工しなければなりません。加背を割るとは、断面を分割することです。この加背割りによる工法の分類が掘削工法と呼ばれるもので、大きく分けると全断面掘削工法、ベンチカット工法、導坑先進工法などとなります。

　それぞれの工法の概要を紹介しましょう。まず全断面掘削工法についてですが、この工法が使われる時は、トンネルの断面が小さい時とか、地山の条件がいい時です。この工法に近い方法に補助ベンチ付き全断面掘削工法というものがあります。これは急速施工が可能な全断面掘削の特徴と、地山条件が悪い場合に使われるショートベンチ掘削工法の特徴をミックスした工法で、大型機械を使って、悪条件の地山では補助工法などを併用してカバーしようというものです。

　ベンチカット工法とは一般に上部半断面と、下部半断面を分けて掘削する方法で、3段以上に分ける多段ベンチカット工法もあります。また、ベ

側壁導坑　　底設導坑

頂設導坑　　中央導坑

「側壁導坑先進工法は、不良地山向きの掘削方法」

　ンチの長さによってロングベンチカット工法と、ショートベンチカット工法に分けられます。全断面では切羽が自立しないが、断面閉合の時間的な制約がない場合には、ロングベンチカット工法が用いられます。ショートベンチカット工法は日本では最も適用例が多く、比較的広範囲の地山条件で適用され、特に地山条件が変化するような時に有効な工法です。そしてこの工法で、膨張性地山や土砂地山等、早期にインバートを閉合する必要がある場合には、いかにしてこのベンチ長を短くしていくかがキーポイントになり、究極は補助ベンチ付き全断面掘削工法になります。

　導坑先進工法とは地耐力がない場合、膨圧性の場合、湧水が多い場合などの不良地山である場合に用いられる工法で、小さな導坑をまず掘って、そこから徐々に切り広げていく方法です。この工法には側壁導坑先進、底設導坑先進、頂設導坑先進、中央導坑先進等、導坑の位置によってその名がつけられ、それぞれの目的によって使い分けられます。これらのほか、中壁分割工法という掘削の方法もあります。この方法は主に偏平な大断面トンネルの場合に、トンネルを中壁で左右に分けて掘削する工法です。これら掘削工法の選定にあたっては、最初にふれたように、さまざまな検討が必要で、この工法の決定がトンネル施工計画の基本となります。

トンネルの発破掘削とはどのようなものですか？

　トンネルの掘削方式は発破による方式と、機械によるもの、人力によるものの3つに大別されます。発破掘削は主に硬岩から中硬岩の地山で使われるもので、機械は主に中硬岩から軟岩の地山に適用されます。人力による掘削は、主に土砂地山などにおいて、切羽の自立性が悪いため、加背を小さくしなければならないような時、機械の持ち込みが困難である場合に適用されます。

　機械掘削方式は発破に比べ、作業の安全性が高いことや、掘削周辺地山を傷めることが少ないなど長所が多く、今後さらに増えていく方法です。現在ではかなり硬い岩盤でも掘れる機械ができてきています。TBM（トンネルボーリングマシーン）については他の項（108〜109ページ参照）で説明していますが、その他のロードヘッダやブームカッターなどと呼ばれる自由断面掘削機（どんなトンネルの断面でも掘削できる。TBMは現在のところまだ円形にしか掘削できない）については、一軸圧縮強度で100 MPa程度の硬い岩盤を切削可能なものができています。しかし、100 MPaの硬い岩盤を機械で掘削する場合と、発破で掘削する場合とで比べてみると、やはり発破のほうが安く、速く掘削することができるのが現在の技術レベルです。したがって、どうしても硬い岩盤の掘削は発破に頼ることになります。

　この発破掘削は、削岩機で岩盤を削孔し、その穴に爆薬を装填して爆破し、破砕する方法で、地山の種類や硬さ、トンネルの断面などの条件に応じて発破のパターンや削岩機や爆薬の種類などを変えて発破を行います。爆薬を例にとると、トンネルで使われる爆薬としては、一般的にダイナマ

イト、含水爆薬、アンフォ爆薬などがあり、その選定にあたっては、爆破効果、後ガス、耐水性、安全性などを十分検討して決めなければなりません。この爆薬や、爆薬を起爆する雷管などの使用にあたっては、日本では火薬類取締法（通称：火取法）という法律があって、これに則って有資格者が管理し、作業をしなければならないことになっています。決して資格のない人が扱ってはならず、監督官庁への許認可申請、届出、報告など、さまざまな義務が定められています。したがって、どうしても管理する人員が増えることと、火薬を使っている工事期間中は、管理者はゆっくり寝ていられない状態にならざるを得ないことなどが短所といえます。今後はより安全で、効率の良い火薬類の開発が望まれます。

4　トンネルの施工

トンネルを施工している間の換気はどのようにするのですか？

　かつて矢板工法でレール方式が主流だったトンネルの掘削方法は、最近ではNATM（42ページ参照）が主流となり、吹付けコンクリートによる粉じんや大型重機による排出ガス等、人体に有害な物質のトンネル坑内への発散が増大しました。またその他の有害ガスや可燃性ガス等が、トンネルの施工中に湧出する場合もあります。これらを防止するための発生源での対策は種々開発され、あるいは開発途上にありますが、現在の技術で最も確実で重要な対策は、十分な換気をすることです。

　トンネル工事中に、その影響を考えておかなければならない有害ガスを列記すると、一酸化炭素、一酸化窒素、二酸化窒素、硫化水素、亜硫酸ガス、塩化水素、炭酸ガス、酸素欠乏空気、過剰酸素空気、ホルムアルデヒド、メタン、アセチレン、プロパン等です。さて、実際のトンネル工事中の換気方法は、どのようにして決めるのでしょうか。まず必要な換気の量を計算します。これには①作業員の呼吸に必要な換気量、②発破の後ガスのための換気量、③ディーゼル機関の排ガスのための換気量、④吹付けコンクリート等の粉じんのための換気量、⑤可燃性ガス等、自然発生ガスのための換気量、⑥酸欠のための換気量等をそれぞれ計算して、許容濃度に抑えるための最適換気量を求めます。

　次に換気の方法ですが、強制換気といって、坑外から新鮮な空気を強制的にコントラファン等の力で坑内に送り込んだり、逆に汚れた空気を強制的に坑内から坑外へ排出したりします。この方法には坑道換気と風管換気があり、風管換気の方式には、送気式、排気式、送気排気併用式、送気排気組み合わせ式等があり、トンネルの断面や延長等からその方法を選択し

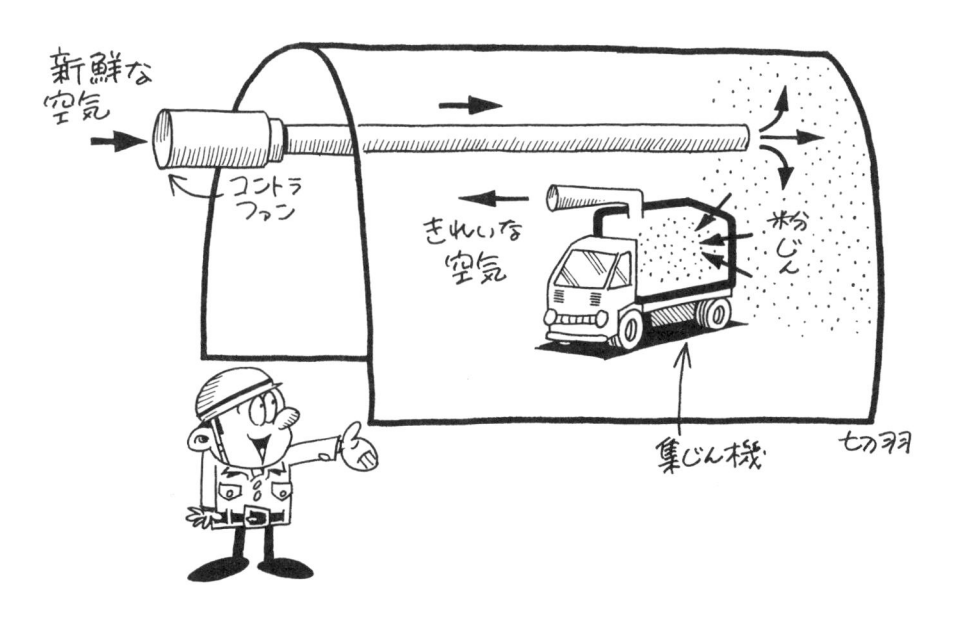

ますが、最近の1 000 mを超えるトンネルの換気方法の主流は、送気式＋大型集じん機という方法と、送気排気併用式となってきています。
　かつてトンネル坑内作業員であった人、あるいは現在もそうである人たちのじん肺問題は社会問題となっており、多くの建設会社がその被告席に立たされています。今までの貴重な経験を生かし、何とかじん肺にならないような作業環境にするべく、発注者、施工者、作業員の三者が一体となって努力する必要があります。最近の換気の技術としては大型集じん機の開発、排ガス中の有害ガス除去装置の開発等があります。

湧水が多い地山にトンネルを掘る時はどうするのですか？

　地質が複雑に入り乱れているわが国の地山にトンネルを掘るにあたり、事前に湧水の多少や、まして地下水の量を言いあてるのは、とても無理な話と言わざるを得ません。

　事前の地質調査である程度のことはわかっても、トンネルの掘削上、地山に与える影響がどの程度なのかを知ることは困難です。トンネルが短い場合や、土かぶりが浅い場合に、相当の期間とお金をかけて調査した場合を除いて、ほとんどのトンネルでは掘削しながら、いつも水のことを念頭において、心配しながら掘っているといっても過言ではありません。

　トンネル掘削にとって、湧水が多いと何が悪いのでしょう。まず、地山が劣化して切羽が自立しない可能性があります。すなわちトンネルが崩壊する危険性があります。次に、路盤が泥濘化して作業が効率よく進まなくなり、吹付けコンクリートやロックボルトといった、トンネルを安定させるために必要な支保が効かなくなる恐れもあります。さらにトンネルの底盤が劣化して、トンネル全体が沈下する恐れもあります。また、何とか掘削ができたとしても、覆工コンクリートに地圧や水圧が作用し、壊れてしまう恐れがあります。以上のように水が出た場合のことを心配してみると、いろいろなことに思いあたります。

　それでは湧水の多い地山に、安全にトンネルを掘るにはどうすればいいでしょう。

　その対策工として、大きく2つに分けると、1つは止水を目的とした対策と、もう1つは排水を目的とした対策になります。前者の代表的な工法としては、薬液注入に代表される注入工法や、圧気工法、凍結工法等があ

ります。しかしこれらは設備規模が相当大掛かりになり、山岳トンネルではあまり一般的に使われるものではありません。たまに小規模な注入をして、部分的な止水工が行われることがありますが、どちらかというと排水工が行われる場合のほうが多いようです。排水工法としては、地山がしっかりしていて堅硬な岩盤であり、湧水区間が長いと予想される場合には、水抜き用の導坑や、迂回坑、横坑等を掘ることがあります。一方、砂山や砂礫地山等、いわゆる土砂地山では、少しの湧水でも切羽が崩壊してしまう危険性をもっているのでトンネルの外側からディープウエル（深い井戸を掘って水中ポンプを入れ、地下水を揚水する方法）やウエルポイント（ディープウエルよりも浅い井戸を掘って強制排水する方法）を打って、あらかじめ地下水位を下げてからトンネルを掘ることがよく行われる方法です。トンネル坑外から施工ができない場合には、坑内から行うウエルポイントや、バキュームをかける水抜きボーリングが実施されます。

　これらのどの工法を用いるのが最善であるかは、湧水量、立地条件、地形、地質、掘削時の変位など、総合的に判断して決めていますが、とにかくトンネルは、水との戦いであるといっても過言ではありません。

トンネルで使われる吹付けコンクリートとはどのようなものですか？

　吹付けコンクリートとはその字の通りですが、もともとコンクリートをエアー（圧縮空気）で放出する方法で施工されたので、英語でショットクリートと呼ばれています。現在でもエアーでコンクリートを吹き付ける方法が主流ですが、吹き付け作業時の粉じんが多いことや、品質にばらつきが多いこと、はね返りが多いことなどの理由で、さまざまな品質面、施工面での改良がなされています。現在は高品質コンクリート、高強度コンクリートなど材料、配合面での改良や、エアーで吹き付ける方法以外の、ロータリー吹付け、ベルト吹付け、NTLなどといった新しい方法が実施段階にあります。

　この吹付けコンクリートは、NATMの理論を成り立たせるための最も重要な支保部材です。トンネルを掘削して、地山が出てきたら、すぐに吹付けコンクリートを地山とよく密着するように吹き付けます。そしてトンネルの壁面をコンクリートで覆ってしまうことによって、次のような効果を発揮することが期待されます。その効果とは①岩盤との付着力、せん断抵抗による支保効果、②内圧効果、リング閉合効果、③外力の配分効果、④弱層補強効果、⑤被膜効果などです。これらの効果が組み合わされて、トンネルを安定化させるよう支保します。もう少しわかりやすくいうと、硬岩、中硬岩地山で堅い岩盤でも、層理や節理などの不連続面があり、それがトンネルの挙動を支配するような場合、吹付けコンクリートは局部的な岩塊の抜け落ち防止や、表面の剥落(はくらく)防止、弱層の補強などを目的として施工します。上の効果としては、①、④、⑤等にあたります。次に節理などの不連続面の間隔が小さくて、軟岩や土砂地山のようなところでトンネル

を掘る場合には、上の効果の②、③が期待されます。

　さて、この吹付けコンクリートの材料ですが、トンネルを掘削した後すぐに硬化し始めて、高い強度を発現し、地山を支保してもらわなければなりませんので、普通のコンクリートと大きく異なる点は、粗骨材が小さいことと、急結剤を添加するという点です。そしてその配合を決めるにあたって検討しなければならない項目としては①所要強度、②水密性、③耐久性、④粉じん抑制、⑤付着性、⑥施工性等が挙げられます。これらを満たす標準的な仕様としては、設計基準強度18 N/mm^2、単位セメント量360 kg/m^3、w/c 50〜65％程度となっています。今後はトンネルの大断面化、あるいは不良地山への対応のため、より一層の高品質化、高強度化が要求されます。さらにコストダウンのためのシングルシェル化（二次覆工コンクリートの省略、吹付けコンクリート仕上げ）が進むなど、ますます吹付けコンクリートの需要は増加していますが、一方で、じん肺問題に代表される粉じんの問題を一日も早く解決する必要があります。

4　トンネルの施工

トンネルで使われるロックボルトとは何ですか？

　ロックボルト（131ページ）はNATMの理論を成立させる支保部材として、吹付けコンクリートとともに中心的な役割を担うものです。ロックボルト自体はNATMが日本に導入される前の矢板工法の主流だった時代から、硬岩地山を対象として、亀裂に沿って岩塊が落ちるのを防ぐために岩盤に打ち込んで、岩塊を縫いつけるように使われたり、ロックボルトをアンカーとして金網を張って、岩盤表面の剥落防止のために使われていました。この時のロックボルトの定着方法は、ほとんどが楔タイプでボルトの先端部で岩盤に固定しているものでした。その後、NATMの導入とともに全面接着型のロックボルトが使われ始め、現在主流となっています。

　全面接着型というのは、例えば3mのロックボルトを打つ場合には、削岩機で3m削孔した後、ロックボルトを穴に挿入し、その後モルタルなどの充填材を3m分注入する場合と、削孔した後モルタルを注入し、その後ボルトを押し込んでいく場合があり、注入材料とともに地山条件によって使い分けます。ロックボルトを定着方法で区分すると、先端固定型、全面接着型、併用型と分けられ、楔、エキスパンション、摩擦による固定、モルタルやレジン等の定着材による固定に分けられます。また削岩機によって削孔ができないような軟弱地山、すなわち削孔しても穴として自立できず、ロックボルトを穴に挿入できないような場合には、削孔する方法を改良する場合と、ロックボルトに自穿孔タイプのものを使うことによって対応しています。削孔する方法での改良は、スパイラルオーガー（回転圧入して孔を掘るらせん状のオーガー）で削孔することや、気泡を削孔水の代わりに用いて孔壁を気泡で保持する方法などが代表的なものです。自穿孔

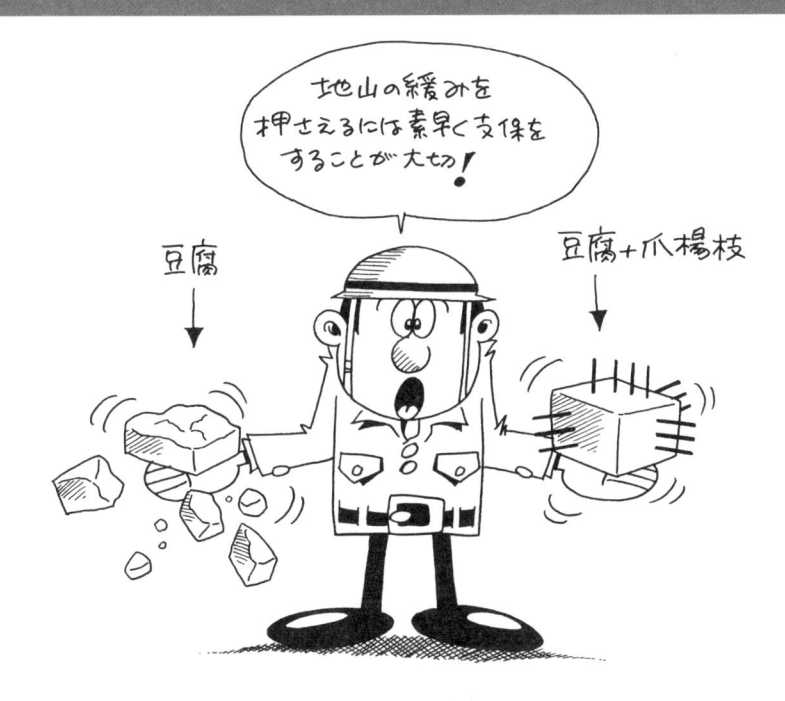

ボルトとはその名の通り、後注入が可能なように中空になったロックボルト自体を地山に削岩機などで打ち込むもので、当然ロックボルトの先端にビットをつける必要もあり、普通のボルトよりもコストは高くなります。

ロックボルトの作用効果には、最初に書いた①縫いつけ効果（吊り下げ効果）のほかに、②はり形成効果、③内圧効果、④アーチ形成効果、⑤地山改良効果等があります。①や②は比較的イメージとしてとらえやすいですが、岩盤でない土砂地山のようなところでも③、④、⑤のような効果があるのかと思われるかもしれません。

筆者は昔、浜辺にあるようなバサバサの砂山で、新幹線断面のトンネルを掘ったことがあります。その時にまさにそのような疑問をもったのですが、計測結果を通して、ロックボルトの効果は証明されました。そのイメージとしては、絹ごし豆腐を手の上に載せて揺すっていると、そのうちボロボロになってしまいますが、豆腐の上・横・下からつま楊枝を刺しておくとまず崩れないというものです。ロックボルトにはそのような効果があるのです。

トンネルを掘る時に苦労する断層破砕帯とはどのようなものですか？

　トンネル標準示方書「山岳工法編」（土木学会）を見ると「地山条件の調査は、トンネル周辺及び工事の影響の及ぶ可能性のある範囲について、地形、地質、水文等の留意すべき地山条件を適切な精度で明らかにしなければならない」と記されています。そして「留意すべき地山や立地の条件には様々な物がある」と記されており、その中に「断層破砕帯、褶曲じょう乱帯」が問題となる地山条件のひとつとして挙げられています。

　さて、断層破砕帯とはどのようなものをいうのでしょうか。地殻は一様なものではなく、多くの亀裂が入っていることは容易に想像できることです。この亀裂のうち、大きいものが破壊面で、これに沿って両側の岩盤が相対的に移動してずれたものを断層といいます。この相対移動のないものを節理と呼んでいるようですが、どちらがどうという区別がつかないのが日本の地質の複雑なところです。

　この地殻中の破壊はなぜ起こるのでしょうか。『わかりやすい岩石と岩盤の知識』（三木幸蔵著・鹿島出版会）を読むと、こう書いてあります。「地殻中の破壊は、せん断破壊がほとんどであるが、マグマの冷却過程や堆積物の脱水過程で引張破壊が発生すると言われている。火成岩の節理には引張破壊によるものが多いと言われる」。このようにしてできる断層破砕帯の規模は、小さなものから大きなものまでいろいろとあります。そして岩種によっても、その形態が異なります。

　一般には走向断層や正断層では破砕帯の規模が小さいのに対して、衝上断層では大きくなるようです。衝上断層というのは、上盤が下盤の岩層にのし上げた45°以下の傾斜が移動する断層で、横からの圧力で褶曲と

ともに発達した逆断層のことをいいます。

　断層破砕帯にトンネルを掘ると、何が問題になるのでしょうか。破壊面が相対移動した時、すなわち、破壊面ができた時には、その面に沿う岩石の強度は著しく低下します。そしてますますその部分に応力が集中し、周囲の岩盤を破壊していくことになり、粘土状になったり、角礫状になったりし、この弱層が、ある幅を持ったゾーンとなります。さらにこの部分は地山の強度が低く不安定であることのほかに、水の流路になっている場合が多くあります。すなわち地山の強度、地山の変形性、透水性、湧水量などが問題になることはいうまでもないことですが、地下深部にまで達した断層破砕帯の場合、熱によって変質作用を受けたものは、超軟質なものや膨張性のある特殊な鉱物や岩石を生成していることがあるので、注意が必要です。

トンネルを掘削する時に生じる山ハネとはどのようなものですか？

　前述しましたが、ゆるみ地圧というのは、トンネル施工中の緩んだ地山の塊が、重力の作用によって内側に落ちようとする圧力のことをいい、天端では特に強く、側壁では弱くなり、底盤には生じません。このゆるみ地圧のほかに膨張性地圧や、真の地圧と呼ばれるものが、トンネルに作用する地圧として考えられています。そしてNATMではこれらの地圧を一次支保で支えることになります。もともとあった地山内の応力状態（初期応力）から、トンネルを掘ることによって変化してくるわけですが、地山の掘削前の応力状態を再現するものがNATMの支保であるといえます。

　さて、真の地圧というのは、ゆるみ地圧とは違い、重力が大きな要因ではあるものの、それが直接ではなく、重力によって引き起こされる二次応力状態によって生じるものと考えられます。この真の地圧の最も恐ろしい現象が山ハネと呼ばれる現象です。この山ハネのほか、真の地圧の現象としては岩石の剥離や、塑性変形などがあります。

　ここで、山ハネについてお話ししましょう。日本では清水トンネルや関越トンネルの工事中に山ハネが発生したことが報告されています。ヨーロッパアルプスにトンネルを掘った記録の中にも多く残っています。タウエルン、カラワンケン、ボウヒャイナートンネルやシンプロントンネル工事などにおける発生が有名です。大きなものでは2 m^3 程度の岩塊が、突然大音響とともに飛び出してきたというものもあります。この大きな剥離は、大体側壁部で起こり、天端は比較的少なく、底盤ではほとんど起こっていません。そして、いずれも土かぶりが相当深く、初期応力が高いところにトンネルを掘った場合が多く、トンネル周辺地山は硬岩で、亀裂や断層に

沿って岩塊の運動が続いているところで発生している例が多いようです。山ハネは、トンネル周辺地山の圧縮強度の極端に高いところでの掘削による応力解放で、その圧縮応力が一部に過度に集中した場合に起こる地質構造応力による現象といえます。

　さて、このように岩が飛び出してくるようなところでトンネルを掘る場合、やはり頼りになるのは吹付けコンクリートとロックボルトです。掘削の終わったところを支保し、表面を覆い、剥落や飛び出しを防ぎます。しかし、そのような支保のできない、切羽の掘削中はどうすればいいのでしょうか。発破を打つための穴を削孔している時に、岩が切羽から飛び出してきてはたまりません。その時は切羽面に金網を貼ったり、削岩機のほうで防護したりしますが、やはり、切羽面に吹付けコンクリートやロックボルトを仮に施工するのが効果的なようです。

トンネルを掘る時に苦労する膨張性地山とはどのようなものですか？

　トンネルを掘ると、周辺の地山とともに、坑壁が徐々に内空側に押し出されてくることがあります。それが大きな場合にはトンネルの断面が縮小して、工事に支障をきたすことがあります。その変位は天端や側壁ばかりでなく、底盤や鏡面（切羽）にも生じます。このような変形を伴う現象が発生する地山を膨張性地山と呼んでいます。この変形とともに発生する膨張性地圧（膨圧）はゆるみ土圧よりもはるかに大きい場合が多く、支保工や覆工が崩壊してしまった例もあり、工事中だけでなく、完成後にそのような現象が起きたこともあります。

　膨張性地山と呼ばれる地山は、次のようなところで確認されています。①新第三紀の泥岩や凝灰岩：いわゆるグリーンタフと呼ばれる地域に属する新第三紀泥岩や凝灰岩の中に膨圧性のものがあります。②蛇紋岩、片岩、千枚岩、滑石：特に蛇紋岩のうち、葉片状、粘土状のものが膨張性が高いといわれています。③温泉余土：火山性や熱水によって変質作用を受けて、膨張性粘土鉱物（モンモリロナイト等）を多く含む岩石で、空気に触れると膨張性を示します。④断層粘土：断層破砕帯に介在している変質粘土は、長期にわたって押し出してくるものがある、等です。

　これらの膨圧を受けるところでトンネルを掘ると、H200程度の支保工がグニャグニャに折れ曲がったり、厚さ25 cmもある吹付けコンクリートにバリバリと亀裂が入ったり、ロックボルトの座金がグニャリと曲がったり、ひどい時にはトンネルの断面が半分になってしまうことがあります。このような膨大な地圧が作用するところでトンネルを安全に掘削し、最終的な構造物を安全に保持するためにはどうすればいいのでしょう。まずト

ンネルの断面形状ですが、できれば円形にしてしまうのがベストです。そして、全周を閉合してしまうことです。とはいうものの、経済性の面で完全に円形にするのは困難だと思われますが、その場合でも、できるだけインバート（トンネル底面の逆アーチに仕上げられた覆工コンクリート）を含めて円に近くする必要があります。次になるべく全断面で掘ることが、全体の変位を小さくするコツですが、これも施工機械の大きさや、1回あたりの施工量との絡みから、なかなか難しい場合があります。筆者は1998年に、イタリア新幹線工事を見る機会がありました。膨圧性地山では全断面掘削を行い、インバートコンクリートを切羽で閉合するという現場でした。切羽にはたくさんの鏡ボルトが打たれ、天端にはトレヴィチューブが施工されていました。相当のお金をかけて切羽を補強しているな、というのが実感でした。

　そして、適当な変形余裕量を持たせることや剛性の高い支保工を使うこと、じん性（ねばり強さ）の高い吹付けコンクリートを使うこと等が膨張性地山でのトンネル掘削のキーポイントになると思います。

4　トンネルの施工

2本のトンネルを近接して掘る場合の留意点を教えてください。

　近年、都市近郊部では、用地問題からトンネル建設位置の選択の余地が狭くなり、例えば上り線、下り線の2本のトンネルを近接して設ける場合が増えています。そしてNATMの技術的な進歩、補助工法の進展に伴って、かなり軟弱な地山条件下でも、山岳トンネル工法によってトンネルが建設されるようになってきました。今後も増えるであろう近接トンネルの設計、施工上での留意点について考えてみましょう。

　2本のトンネルをある間隔をもって並行して建設するものを双設トンネル、あるいは超近接トンネルと呼んでいます。そして、2本のトンネルを接して設けるものを、めがねトンネルと呼んでいます。これらのうち、めがねトンネルは、2本のトンネルが同時に施工されますが、双設トンネルの方は同時期に施工されるものと、Ⅰ期線、Ⅱ期線というように時期をずらし、分けて施工されるものがあります。

　これら近接トンネルは1本のトンネルを掘るのと違って、他のトンネルの影響を受けることに大きな特徴があります。特に、地山条件が悪い場合に近接してトンネルを掘ると、周辺地山のゆるみが大きな範囲におよび、それぞれのトンネルに大きな荷重が作用することになります。この影響範囲について、㈶鉄道総合技術研究所の資料によれば、トンネルの直径をDとすると、それぞれのトンネルの離間が0.5D以下の場合には、トンネル構造に重大な影響が予想されるとし、1.5D未満の場合には、何らかの対策が必要であるとされています。トンネル標準示方書によれば「相互の影響がなくなる離間距離は地質条件によって変化し、トンネル中心間隔を掘削径の2〜5倍とすれば、ほとんど相互の影響がないといわれている」と記

双設トンネル
約30m

めがねトンネル
隣接

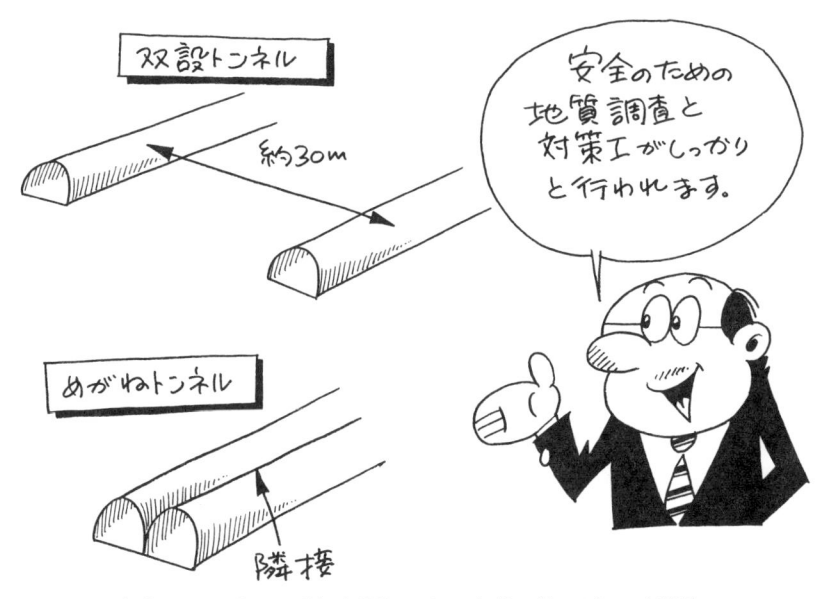

安全のための地質調査と対策工がしっかりと行われます。

　されています。トンネルの断面形状や地山条件、施工法や時期等によって、その影響範囲やその大きさは異なりますが、日本道路公団（現・NEXCO）では2車線の双設トンネルの場合、中心間隔を30 m程度としている例が多いようです。
　さて、めがねトンネルや超近接トンネルを掘る場合に、どのように設計していけばいいのか考えてみましょう。最も重要な要素となるのが、両トンネルの間の地山をどう評価するかです。そこでまず、地質調査ボーリング等によって得られた資料から、必要な物性値を用いてFEM解析を行い、トンネルの支保、覆工構造を決めます。次にこの構造条件に両トンネル間のゆるみ荷重を作用させ、トンネルの安全性を評価します。ここで安全性に問題があれば、対策について検討します。対策工にはセンターピラー部の地山の改良のための薬液注入、ロックボルト等のほかに、PCアンカーによって両トンネルを緊結した例もあります。さらに二次覆工コンクリートの補強についても考えておく必要があります。

4　トンネルの施工

トンネルで使う長尺先受け工法とは何ですか？

トンネルを地山の中に掘ると、周辺の地山は変形します。特に土かぶりが浅い場合で、周辺の地山に強度がない場合や、地下水を多く含んでいる場合には、トンネル上部の地山が緩んでしまって、トンネル周辺地山が崩れやすくなります。そして、その影響が地表面にまでおよんだ時、場合によっては地表面の陥没や、地上の構造物の倒壊等に至ります。また、土かぶりが厚い深い山の中のトンネルにおいても、破砕帯などがあり、周辺地山に強度がない場合には、トンネルを掘ることによって上部の地山や、切羽鏡が崩壊する危険性があります。

長尺先受け工法は、このようなトンネル掘削に伴う事故を防ぐために考えられたものです。この長尺先受け工法には、パイプルーフ工法、水平ジェットグラウト工法、長尺鋼管フォアパイリング工法等があります。そして、施工条件、設計条件によって最適な工法を選定する必要があります。これらの工法のうち、最も実績のある代表的なものとして、長尺鋼管フォアパイリング工法の中の、AGF工法について若干説明しましょう。

このAGF工法は、トンネルの掘削に先立ち、掘削断面外周に沿って、トンネル円周方向に一定の間隔で、ϕ 100 mm程度の鋼管を打ち込んで、鋼管の中と周辺地山とをセメントミルクや、シリカレジンのようなものを注入して改良しようというものです。通常、鋼管の長さ12.5 mに対して9 m掘削し、また鋼管を12.5 m打って9 m掘削することが行われています。この時の打設範囲、鋼管のピッチ等は、標準的には120°、45 cmですが、地山の条件によって解析を行い設計します。

その適用例を1つ紹介すると、盛土構造である国道4号線の直下4 mを、

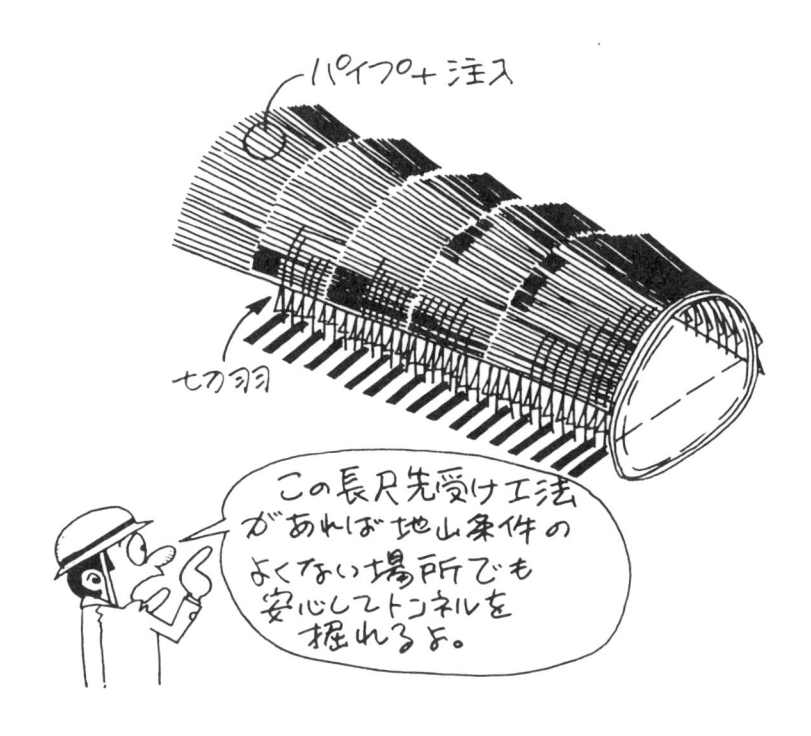

（図中注記）
- パイプ＋注入
- 切羽
- この長尺先受け工法があれば地山条件のよくない場所でも安心してトンネルを掘れるよ。

東北新幹線のトンネルが横断するという工事がありました。立地条件、地質条件などさまざまな検討を重ね、削孔方法、注入方法、注入剤などを選定し、AGF-OFP工法（削孔システム/セメント系注入システム）が採用されました。この時のトンネル掘削による地表面への影響としては沈下量が数cm程度で、無事トンネルが国道の下に作られました。このような時に地山条件に合わない長尺先受け工法を選んでしまうと、トンネルの安定性だけでなく、国道を通行する車両に対する安全も確保することが困難になってしまいます。最適な長尺先受け工法の選定にあたっては、過去の実績やその地点の条件を十分に吟味する必要があります。

トンネルのTWS工法とは何ですか？

　現在、新幹線や高速道路のルートで、トンネルの占める割合が非常に多くなってきています。その中で、各種の技術革新が進められていますが、トンネル工事をスピードアップして、全体の工事期間を短縮することが全体工事費の低減につながるといえます。そのような観点から考えられ、実用化された技術のひとつにTWS工法があります。TWSすなわち、トンネルワークステーションは、多機能型全断面掘削機とも呼ばれています。

　これはトンネル掘削工事で必要な機械や設備、すなわち、掘削機、削岩機、吹付け機、吹付けロボット、支保工エレクター、足場、集じん機などを効果的に組み合わせ、1個所に集積した設備のことです。通常の場合、これらの機械は1台のガントリー（門型鋼製台車）に搭載された形をしており、このガントリーの基準点に座標値を持たせ、切羽後方の絶対座標との関係を測量することにより、自動的に位置決めができます。したがって自動的に掘削機の掘削範囲を決めることができるので、余掘りのない効率のよい施工ができることになります。

　TWSがどのような考えに基づいて開発されてきたかお話ししましょう。通常のNATMによるトンネルの掘削は、削孔、装薬、発破または機械掘削、ずり出し、吹付けコンクリート、鋼製支保工建て込み、二次吹付けコンクリート、ロックボルト打設という一連の作業からなっています。これらの作業を繰り返していくのは、それぞれ単独の機械を用いているためで、それぞれの作業ごとに機械を入れ替える必要があります。トンネル切羽というある限られた狭い空間では、この機械の入れ替えに要する時間が無視できないものとなります。そこで考えられたのがTWSです。すなわち

多機能型
全断面掘削機
の正面図

Fad

←約100m→

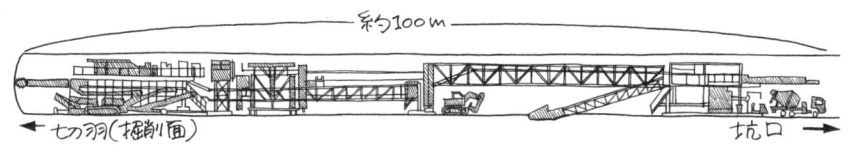

←切羽(掘削面)　　　　　　　　　　　坑口→

　TWSは、切羽の機械台数を減らし、機械の入れ替え時間を減らし、同時並行作業を可能とするものです。

　そしてこれに伴って、作業スペースを整理すること、作業サイクルを短縮すること、作業環境を改善して安全性を向上させること等の効果が期待されます。

　数年前からTWSは試行されてきましたが、本格的なTWS工法は1996年から開始された、日本道路公団（現・NEXCO）北陸自動車道山王トンネル工事において使われました。イラストはその実機を正面（切羽側）から見たものと全景です。TWS本体の後ろから、ずり出し用のベルトコンベヤが出ていて、TWSの全長は約100ｍもあります。

トンネルのNTL工法とは何ですか？

　NTL工法とは、ニュートンネルライニング工法の略で、通常の二次覆工コンクリートに代わるものとして、192ページで後述するシングルシェルとの組み合わせにおいて注目され始めたものです。そもそもNTL工法が考え出された原点は、吹付けコンクリートの欠点を補うことでした。吹付けコンクリートはNATMの最も重要な支保であり、種々の大きな効果が期待されるものです。しかしながら、その欠点として粉じんが発生し、作業環境を悪くし、安全衛生面で問題が多いことと、はね返りが多く、品質のばらつきが大きいことや、材料ロスによる工事費の上昇等といった問題を抱えています。

　NTL工法は、型枠と地山、あるいは吹付けコンクリートの間に特殊なコンクリートを流し込んで、隅々まで充填し、地山と密着したコンクリートを短時間に作り上げるものです。この工法の基本は、切羽で吹付けコンクリートに代わるものとして施工するものですが、切羽で一次吹付けを行い、その後方で二次吹付けに代わるものとして施工する場合もあります。

　すなわち、切羽鏡や天端が自立するという地山条件下でないと、切羽での施工は困難となります。型枠を崩落、あるいは剥落してくる切羽で組むことは不可能で、湧水の多いところでのコンクリートも不可能です。そうするとやはり、地山条件の悪いところでは、切羽では一次吹付けをしておいて、二次吹付けの代わりにNTLを使うことになりますが、このNTLを永久覆工として考えれば、急速施工やコストダウンという観点では、意味のあるものといえます。

　さて、NTLの型枠として今までに考えられ試行、実用化されたものはた

くさんあります。

　まず、コテでモルタルを塗りつけるタイプのもの、トンネル円周方向に移動できるベルト式型枠を使ってコンクリートを打設するタイプのもの、セントルタイプのものなどがあります。このうち、最も初期の目的をかなえるものとしては、セントルタイプで全周型枠式NTLが実用化されています。この型枠を用いたコンクリートは特殊な配合で作られています。特に薄肉ライニングで高強度であり、初期強度の発現が早くないと地山を支保できないところが特徴です。したがってこのコンクリートに要求される性能は、以下のようにまとめることができます。①施工時に粉じんが発生しない、②はね返りがない、③早期に支保効果を発揮する強度まで発現する、④長期強度が大きい、⑤流動性に優れていて隅々まで充填できる、⑥地山との付着力が大きい、等が要求されます。

　実際に、北陸自動車道路山王トンネル工事のNTLで使用されたコンクリートは、スランプフローが67±5cmであり、NTL型枠の脱型時間15時間タイプと2時間タイプが使われましたが、どちらも脱型時強度が1 N/mm^{2}で設計されました。そして、型枠は通常のセントルよりも液圧が高くなるので、頑丈なものとなっています。

4　トンネルの施工

SECコンクリートとはどのようなものですか？

　トンネルの支保としての吹付けコンクリートで課題となっているのは、いかにコンクリートの品質のばらつきを少なくしてはね返りを押さえ、粉じんを少なくするかということです。これらの課題は言い換えれば、圧送性のよい、ブリーディングや砂の沈降がない、高品質で高強度なコンクリートをいかにして作るかということになります。

　そこで開発されたのがＳＥＣ（エスイーシー）コンクリートと呼ばれるものです。SECとは、Sand Enveloped with Cementの略で、練り混ぜに必要な水を分割して投入することによって、細骨材の周囲が低水セメント比のセメントペーストで覆われた状態になったコンクリートのことをいっています。ここで分割練りといいましたが、これと対になるのが一括練りといわれるもので細骨材、粗骨材、水、セメントの全材料を一括投入して練り混ぜる方法です。この方法で作られたコンクリートやモルタルに比べて、分割練りで作られたコンクリートやモルタルは、いろいろな利点を持っていることが証明されています。

　㈶土木研究センターで受けたSECコンクリート技術審査証明報告書を見ると、一般コンクリートとしての特性は、圧縮強度は一括練りコンクリートに比べて5％以上高くなり、ブリーディング率（コンクリートを打ち込んだ後、表面に浮き出てくる余った水の率）は一括練りコンクリートに対して40％以上も少ないと証明され、ポンプ圧送性がよいとされています。次に、湿式吹付けコンクリートに対する特性としては、材齢28日コア圧縮強度は一括練りコンクリートに対して10％以上高いことが証明されています。

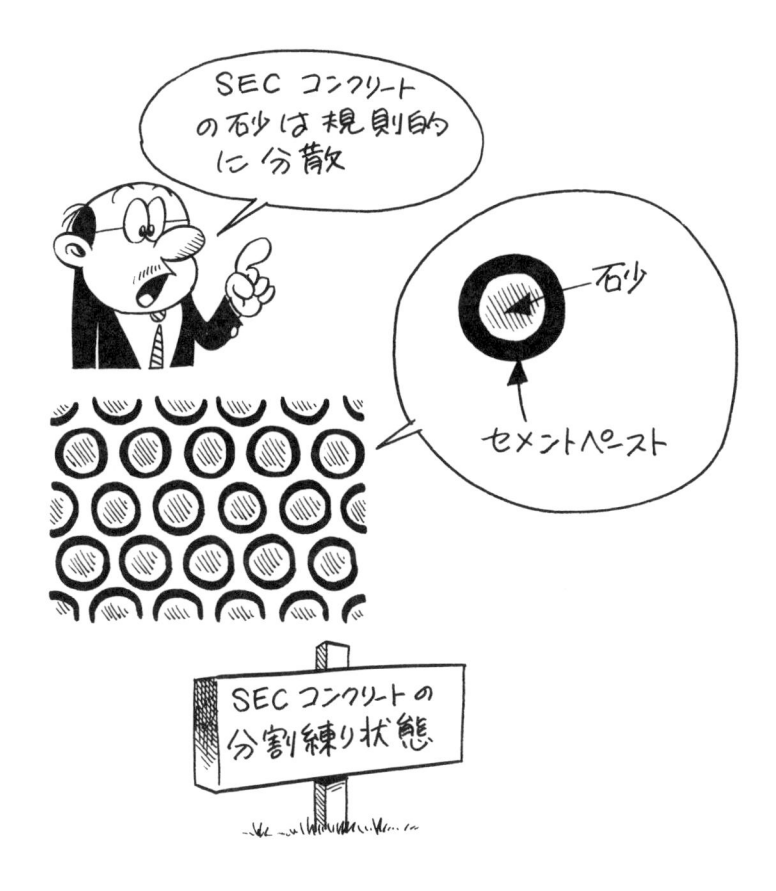

このコンクリートの製造方法は、最適な一次水量を決定するために、あらかじめ材料の特性試験を行い、表面水の管理を十分に行った細骨材と粗骨材、および一次水をミキサーに投入して混ぜます。次にセメントを投入し、低水セメント比の緻密なセメントペーストが、細骨材の周りに付着するように二次練り混ぜを行って製造します。

　このようにして作るSECコンクリートは、普通のタイプとは異なるミキサーを使わなければならず、若干練り混ぜ時間も長いのですが、多くのトンネルの吹付けコンクリートで使用され、その効果を発揮しています。

トンネルで使われるケーブルボルトとはどのようなものですか？

　NATM工法によるトンネルでの主要な支保は、吹付けコンクリート、ロックボルト、鋼製支保工であることは、前に説明した通りです。ケーブルボルトとは、このロックボルトの定着方式が全面接着型であり、鋼棒の代わりにケーブルを用いたものをいいます。したがって、ケーブルボルトの作用効果は、前にロックボルトの項（172ページ）で述べた全面接着型のものと基本的には同じです。その特徴を簡単にいえば、ロックボルトの鋼棒だと狭い坑内で打設するにはその長さに限りがあり、例えば3mとか4mのものが主として使われていますが、ケーブルボルトの場合は、ケーブルをドラムに巻きつけたものを現場に搬入して、それを打設するので、狭い坑内でも長尺のものが使えることになります。

　このケーブルボルトの歴史をみてみると、当初鉱山における採掘坑道、採掘空洞の支保として採用されました。鉱山のトンネル掘削工法はカットアンドフィルといって、鉱脈に沿って掘削しながら、そのずりを自分の足元に埋めていき、下から上に向かって切り崩していく方法で行われます。この時にケーブルボルトが使われているということは、すなわち、これから掘削しようとする前方の地山にケーブルボルトを打って、前方地山を補強していることになります。ですからできるだけ長いもので、掘削に伴って切断できる材質のものが使いやすいことになります。また鉱山には多くの坑道が網の目のように掘られるため、周辺の岩盤が緩んでしまうことがあります。これらの周辺地山の補強のために、長いケーブルボルトが有効に使われています。すなわちケーブルボルトの主目的は、先行支保によって空洞を安定化させることにあります。

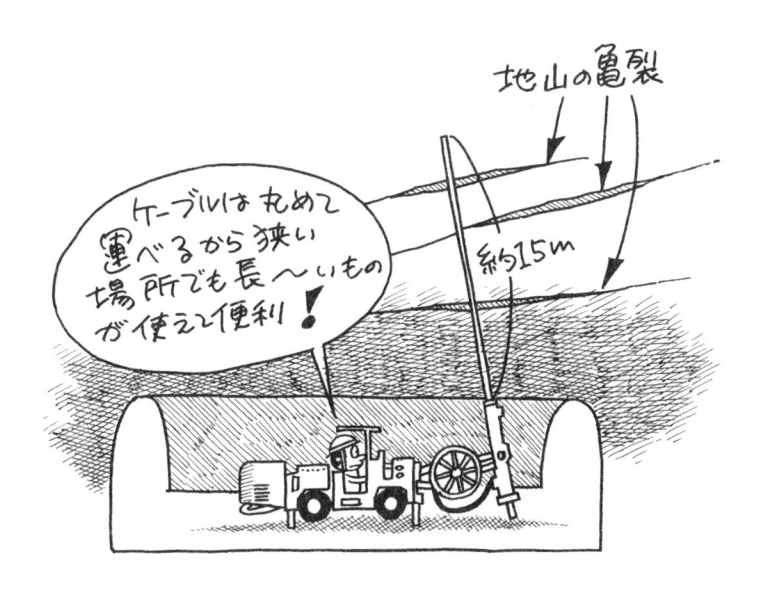

では土木分野では、どのように使うのが理想的かというと、大断面を導坑から拡幅するような場合に、導坑から拡幅部周辺地山にあらかじめ打設し、補強する方法や切羽から前方地山補強のために鏡ボルトとして使う、また地下発電所のような大空洞でのPSアンカーの代替で使う等、いろいろ研究されています。有名なものではリレハンメルオリンピックの時に、地下に設けられたアイスホッケー競技場（幅61 m×高さ25 m×長さ91 m）の支保部材として、ケーブルボルトが採用されました。
　最後に少し材料や施工法についてふれておきます。使用されているケーブル材はPC鋼線が多いようですが、ワイヤーロープでも可能です。また、耐腐食性や切断の施工性から、ガラス繊維系、アラミド繊維系、炭素繊維系のものが開発されています。定着材は海外ではセメントミルクが多く、日本ではモルタルが多いようです。施工方法は適当な削孔径（50〜60 mm）で削孔し、定着材を注入した後、ケーブルを挿入する先注入方式と、ケーブルを挿入した後に注入する後注入方式があります。これらの作業を連続的に行う機械として、ケーブルボルトの本場のフィンランドでは、CABOLTという名称のものがあります。

4　トンネルの施工

トンネルのシングルシェルとは何ですか？

　通常NATMで施工されるトンネルの構造は、トンネル掘削時の安定を保つとともに、永久支保でもある鋼製支保工、吹付けコンクリート、ロックボルトと二次覆工コンクリートで形成されています。そして吹付けコンクリートと二次覆工コンクリートとの間には、防水とアイソレーション（縁切り）を目的として防水シートを貼っています。したがって防水シートのところで縁が切れた構造となっており、吹付けコンクリートと二次覆工コンクリートの間では、せん断力が伝達されない構造であるといえます。この通常の構造をダブルシェル構造というのに対して、二次覆工コンクリートをなくし、吹付けコンクリートを仕上がりとしたものをシングルシェル構造といっています。力学的には、せん断力が伝達される一重構造のほうが合理的であると考えられ、二次覆工コンクリートをなくすことにより、施工も合理化されるといえます。

　近年ヨーロッパでは、建設費が大幅に低減できることから、水路、鉄道トンネルを中心に、積極的にシングルシェルが採用されつつあります。わが国でも中小水力導水路トンネルや、地下発電所の本体などで採用されています。シングルシェルを採用した時の利点としては、①断面の変化に対しても自由に対応可能である、②吹付けコンクリートの補修が容易である、③掘削断面を小さくし、材料使用量を少なくできる等、主にコストダウンにつながる点が多くあります。

　しかし、まだ日本での鉄道や道路トンネルでの採用がない理由は、吹付けコンクリートの品質に対する信頼性がいまひとつである点にあります。ヨーロッパでシングルシェルが採用されているところで使われている吹付

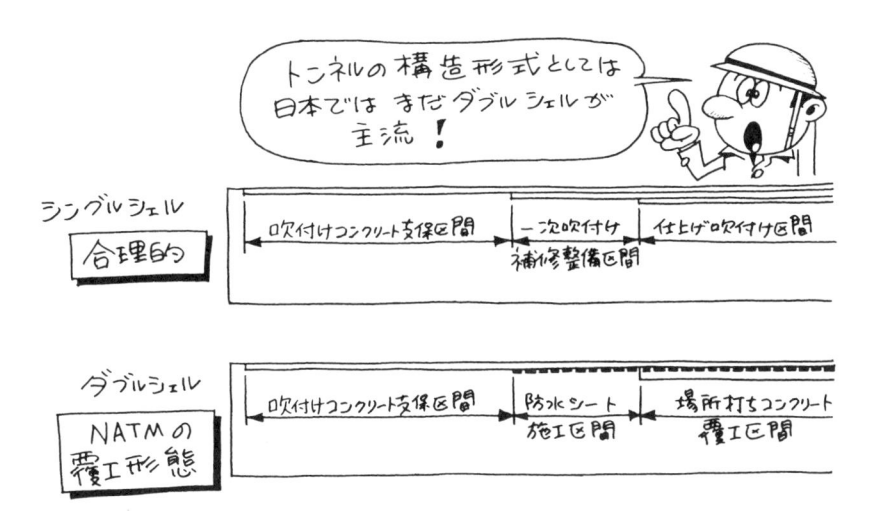

```
                    ┌─────────────────────────────┐
                    │ トンネルの構造形式としては    │
                    │ 日本では まだダブルシェルが  │
                    │        主流！              │
                    └─────────────────────────────┘

シングルシェル   ┃━━━━━━━━━━━━━━━━━┃━━━━━━━━━━━┃━━━━━━━━━━━━┃
 ┌─────┐         ┃ 吹付けコンクリート支保区間 ┃ 一次吹付け ┃ 仕上げ吹付け区間 ┃
 │ 合理的 │                                    ┃ 補修整備区間 ┃
 └─────┘

ダブルシェル    ┃━━━━━━━━━━━━━━━━━┃━━━━━━━━━┃━━━━━━━━━━━━┃
 ┌─────┐        ┃ 吹付けコンクリート支保区間 ┃ 防水シート ┃ 場所打ちコンクリート ┃
 │ NATMの │                                   ┃ 施工区間  ┃   覆工区間       ┃
 │ 覆工形態│
 └─────┘
```

　けコンクリートの強度は、$\sigma 28 = 40\ N/mm^2$ となっており、日本のそれと比べると相当質の高いもので、同時に材料費も高いといえます。

　一方日本では、まだ吹付けコンクリートの品質にムラが多いのが問題です。どうしてもエアー吹付けが主流なので、通常の生コンを型枠の中に入れて打設したコンクリートに比べると品質の変動幅が大きいといえます。吹付けコンクリートを仕上がりとするためには、このあたりの品質確保、特に水密性や耐久性の確保が必要条件になると思います。したがって材料に対する管理はもちろん、現場での施工管理も相当厳しい基準が要求されることになります。

　これらのことを考慮して、現段階で考えられる日本でのシングルシェル構造としては、繊維等によって補強された高強度、高品質コンクリートを1層目とし、さらに同じ材料を2層目に吹き付け、最後の仕上がり面には長期耐久性を確保したコンクリートを吹き付けるというものがあります。複雑な地質が組み合わされている日本の地山条件への対応、あるいは湧水に対する対応方法など、まだまだ今後の課題は残されています。

トンネルで使われる連続ベルトコンベヤ方式について教えてください。

　NATMにおける山岳トンネル工事での掘削ずりの搬出方式は、大きく分けるとタイヤ方式とレール方式に区分されます（210ページ参照）。タイヤ方式では20〜30 tクラスのダンプトラックやロードホールダンプ等がよく使われています。レール方式の場合は、ずり鋼車（トロ）やシャトルトレイン等とバッテリー機関車（ロコ）の組み合わせがよく使われています。そのほかの方式として、コンテナー方式やコンベヤ方式があります。コンテナー方式は、掘削ずりをコンテナー（ベッセル）にいったん積み置きしておき、できるだけ早く切羽を開放し、他の作業時間帯、例えば吹付けコンクリートを施工している時間帯に、仮置きしたずりコンテナーを坑外へ運び出す方法をいいます。要するに、できるだけ早くトンネルを掘削するための方法のひとつなのです。

　さて、ここで質問の連続ベルトコンベヤ方式とはどのようなものでしょうか。これは名前の通り、ベルトコンベヤに掘削したずりを載せて運び、切羽から坑外まで一直線にずりを搬出するものですが、切羽が進むぶんだけ、ベルトコンベヤを伸ばしていけるようになっています。

　例えば、切羽でロードヘッダによって切削されたずりを、タイヤショベルで連続ベルコンシステムの最前部に位置するバックアップデッキに投入します。投入されたずりは、ずりホッパーに落ち、連続ベルコンに載り、坑口に位置するストレージカセット、メインドライブへと流れ、坑外ずりストックヤードに搬出されます。

　その後、ずりを運んだベルトはメインドライブ駆動プーリーを通り、ストレージカセットローラへと進み、カセットローラ間を折り返し移動し、

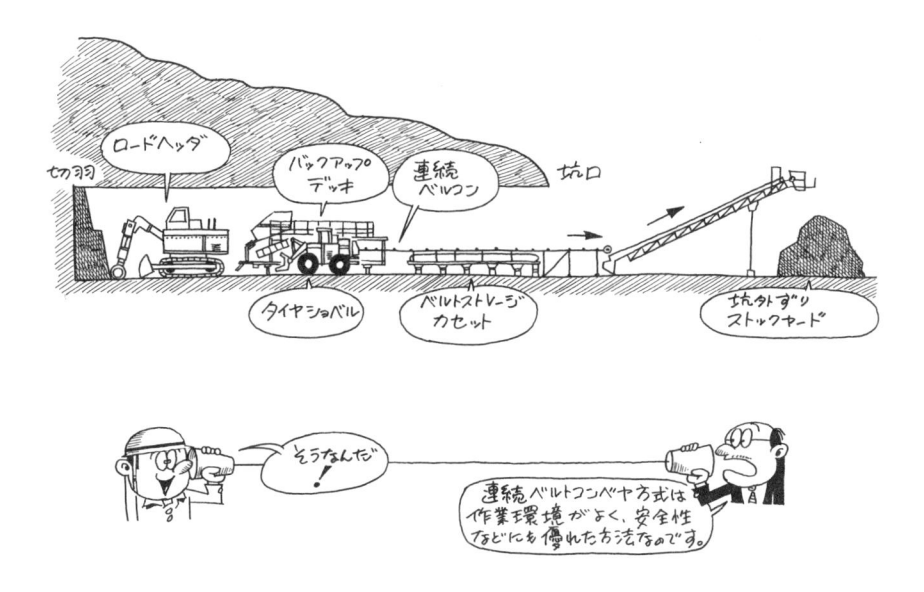

ストレージカセット中央のリターンローラに載り、バックアップデッキへと戻ります。切羽が進むと、バックアップデッキを前進させ、ストレージカセットにストックされたベルトが、切羽の進行に合わせて延伸されていきます。このストックされているベルトは、標準的には300 mぶんくらいあり、切羽の進行150 mに1回ずつベルトを繋いでいくことになります。ベルトの継ぎ足しは、化学的な接合方法で簡単にできます。

　この連続ベルコンシステムによるずり出し方式の大きな特徴は、ダンプトラックや、機関車などを使わないので、粉じんや排ガスなどの発生がなく、作業環境がよいことと、作業の安全性に優れていること、路盤を傷めないこと等が挙げられる非常に優れたものなのですが、まだ現時点ではほかの方法に比べて経済性に劣る点が短所になっています。しかし、今後増えていく方法であろうと思われます。

トンネルの割岩工法とはどのようなものですか？

　市街地で岩盤掘削の必要がある場合や、山間部でも近くに重要構造物や鉄道等があって、発破による振動や騒音が無視できない場合には、機械掘削工法が採用されますが、地山が硬くて通常の機械を使っていたのでは、工程も工事費もオーバーしてしまうような時には、無発破掘削工法として割岩(かつがん)工法という掘削工法が採用されます。

　この割岩工法は一般的には自由面形成、削岩孔削孔、割岩（一次掘削）、切削砕岩（二次破砕）の4工種が組み合わされて成り立っています。まず、自由面の形成ですが、これは発破掘削における芯抜きに相当するもので、極めて重要な役割を担っています。自由面の形成方法としては、大口径削孔、高密度削孔、連続削孔等があります。大口径削孔では一次破砕用としての静的破砕剤用の$\phi 38$ mmの削孔と、ビッガー孔として$\phi 100$ mmを削孔します。高密度削孔では小口径の穴を多数設けて、静的破砕剤で破砕する場合と、大口径の穴を使ってビッガーで掘削する場合があります。連続削孔の最も一般的な方法としては、削孔した穴にガイドロッドを挿入して、隣接孔を削孔していき、穴をラップさせるガイドロッド工法や、複数のドリルビットを接するように多連に配置した削岩機で、溝を掘削するスロットドリル工法等があります。

　次に削岩孔の削孔ですが、割岩を行う機械や材料によって異なり、通常はジャンボ（大型油圧削岩機を機械に搭載したもの）で削孔します。割岩（一次破砕）とは削孔した穴に圧力をかけることによって岩盤中にクラックを入れることをいいます。この圧力のかけ方を考えてみましょう。1つは機械的な方法として、削孔した穴に楔を打ち込んで岩盤を割る方法があ

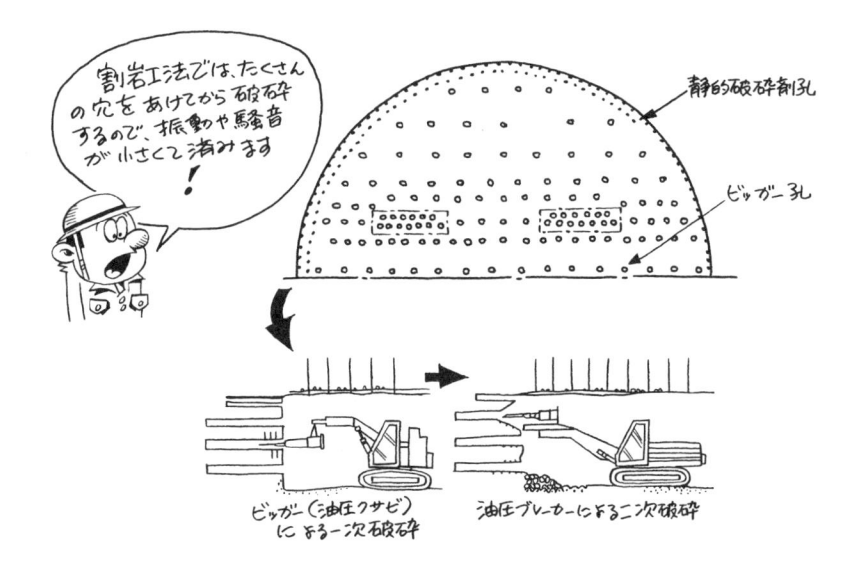

ります。この方法が最も一般的な方法ですが、この楔についてはいろいろなタイプのものがあり、最近では1000tクラスの割岩力をもつ大型機械が開発されています。

　もう1つの方法は薬剤等を用いる方法で、この薬剤を静的破砕剤と呼んでいますが、削孔内に充填した膨張性物質の膨張圧で岩盤にクラックを入れます。この方法は簡単な機械で施工できるので便利ですが、時間がかかることと、その効果の発現が岩盤の質によってかなり異なるので、採用にあたっては地山条件の確認が大切です。

　切削砕岩（二次破砕）は、一次破砕された岩を切羽から分離するために、ブレーカー等で叩き落とすものです。

　以上の工法のほかに特殊な例として、膨張剤としてガス圧を利用するものや、蒸気圧を利用するもの、水や油等の液圧を利用するもののほかに、放電による瞬時の高エネルギーで金属細線を溶融させて、蒸気を発生する時に生じる衝撃圧を利用するもの等、さまざまな方法が試験的に実施されています。

4　トンネルの施工

トンネルのプレライニング工法とはどのようなものですか？

プレライニングとは読んで字のごとく「あらかじめ覆ってしまう」ことで、トンネルを掘削する前にトンネルの天井を覆ってしまうことをいいます。最近、都市部のいわゆる土砂状の地山を山岳トンネル工法で掘削し、構築する工事が増えています。これはシールド工法に比べ、トンネル断面を自由に設計できることや経済的なことが理由として挙げられます。しかし、この土砂状の地山にNATMでトンネルを作る上で問題になるのは、土砂状にもいろいろあり、非常に不安定な地山条件である場合や、土かぶりが非常に浅い場合、近くに重要構造物がある場合などです。このような困難な施工条件下で考え出された補助工法がプレライニング工法です。

プレライニング工法は、スリットコンクリート方式、水平ジェットグラウト方式、長尺鋼管フォアパイリング方式に分けられます。スリットコンクリート方式にはPASS工法、New PLS工法があり、水平ジェットグラウト方式には、ロディンジェット工法、トレヴィジェット工法、メトロジェット工法等があり、長尺鋼管フォアパイリング方式には、AGF工法、トレヴィチューブ工法、ロディンチューブ工法等があります。

スリットコンクリート方式は、掘削に先立って切羽前方地山のこれから掘削しようとするトンネルの外周部分を厚さ15〜50cm程度、アーチ状に溝掘りし、コンクリートやモルタルで充填して屋根を作ってしまうもので、通常の場合、縦断方向には5m程度の長さで作られます。この方式ではトンネルの横断方向に連続した剛性の高いコンクリートの屋根ができるため、上に述べた3つの方式のうちで最も信頼性が高いといえます。この方式の掘削方法は、チェーンカッターで地山をアーチ状に溝掘りする方法と、

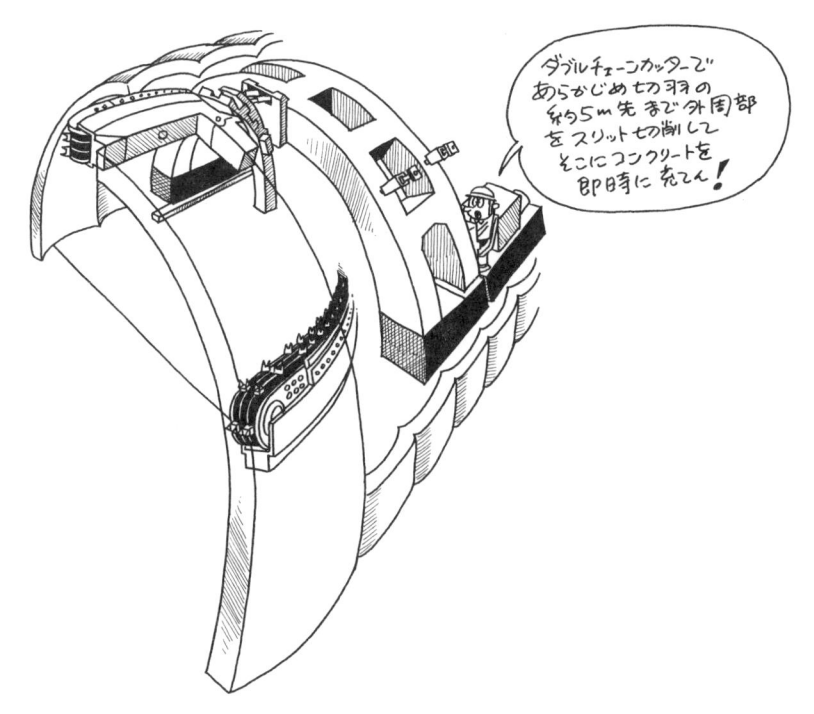

多軸オーガを使って連続体につなげていく方法があります。

　水平ジェットグラウト方式は、掘削に先立って、切羽前方地山に長さ10m程度のセメントで改良された横方向の杭を作って、これを屋根とするものです。改良体の造成は、削孔と同時にセメントグラウトを高圧噴射する方法と、先端まで削孔した後、手前側に高圧噴射しながら戻ってくる方法があります。この方法は、前述のスリットコンクリート方式に比べると、横断方向に対して連続体となりにくく、地山の条件によっては計画通りの大きさに改良体が造成されないことがあるので試験施工が大切です。

　長尺鋼管フォアパイリング方式は、掘削に先立って10〜15m程度の長さの鋼管をアーチ状に打設するもので、鋼管の剛性によってその信頼性が変化し、プレライニングとしては補助的であるといえます。

　以上の方式の主な効果としては、切羽の安定性が向上する、地山のゆるみを防止できる、地表面の沈下を抑制できる、施工性や安全性が向上する効果と、結果として支保を軽減できる可能性もあります。

トンネルの機械掘削法にはどのようなものがありますか？

　トンネルを掘ろうとする地点の岩盤が硬い場合には、ダイナマイト等を使った発破によって掘削することは前に書いた通りです。しかし、発破掘削に適さない軟岩以下の硬さの場合や、何らかの条件によって発破が使えない場合、すなわち発破騒音や発破振動の影響を無視できないような場合には、機械掘削方式でトンネルを掘ることになります。

　機械掘削方式は自由な形状に掘削できる自由断面掘削機方式と、主に円形で全断面で掘削するTBM方式に分けられます。ここでは自由断面掘削機について紹介し、TBMは別の項（108ページ）で説明しています。

　自由断面掘削機を分類すると、ブーム掘削機、ブレイカー、割岩掘削機に分けられます。ブーム掘削機でよく知られているのは、ロードヘッダ、ブームヘッダ、カッターローダ、ツインヘッダ、アームヘッダ等です。これらの機種の選定にあたっては、特に切削性が問題となります。それには地山の一軸圧縮強度や弾性波速度の数値が判断基準となり、岩質、亀裂、湧水等といった地山の条件も加味する必要があります。標準的にいわれている目安としては、一軸圧縮強度が20 MPa以下の低強度の岩質の地山に対しては軟岩用の機種、20～80 MPaの地山では中硬岩用機種、80 MPa以上の場合には硬岩用の機種を選びます。これも目安ですが、軟岩からシルトや砂礫等の自立性の悪い地山で採用例が多いのは、カッターローダタイプの機種です。カッターローダの特徴は、ブームの部分がコンベヤになっており、その先端にカッターがついていることです。カッターで切削したずりは、そのままブーム上を通って後方に送られます。次にツインヘッダタイプの機種は、油圧ショベル（バックホウ）のアタッチメントとして使

えるので非常に便利なものですが、専用の岩切削機械に比べると切削能力は低く、主に固結した土砂等の切削で使われます。

　ロードヘッダ、ブームヘッダタイプのものは、強靭なブームの先端についているカッタードラムを回転させ、地山に押しつけて岩を切削するものです。対象とする地山は軟岩から中硬岩までであり、その強度に応じて多くの機種があります。それから一軸圧縮強度が100〜250 MPaというかなり硬い岩盤の切削用の機械として、TBM用のディスクカッターを取りつけたカッターホイールで、岩を圧砕するタイプのものがあります。

　ブレイカーも近年大型強力化してきており、ベースマシーンとしては、40 tクラスの油圧ショベルに4 tクラスの大型ブレイカーをつけて掘削したケースもあります。ブレイカーで掘削できる地山の強度は40〜60 MPa程度が最適で、破砕効率は亀裂が多いと大幅に向上します。もう1つの自由断面掘削機である割岩掘削機については、196ページを参照してください。

4　トンネルの施工

トンネル覆工のコールドジョイントとは何ですか？

　1999年に起きたJR山陽新幹線の福岡トンネルにおける覆工コンクリートの剥落事故以来、コールドジョイントという言葉がクローズアップされました。コールドジョイントとは、コンクリートの打ち継ぎ目のことであり、先に打設したコンクリートと後から打設したものが完全に一体化していない打ち継ぎ目のことをいいます。

　トンネルの覆工コンクリートは連続して打設していくので、先に打ったコンクリートも後から打ったものも、継ぎ目なく繋がっていくはずです。しかし、何らかのトラブルが発生し、連続的に打設できなくなり、適切な時間間隔よりも遅れて打ち込む場合や、打ち継ぎ目の処理が不適当であった場合には、コールドジョイントが発生することがあります。

　その発生原因は、①コンクリートプラントの故障など、機械設備のトラブルでコンクリートの供給が中断した場合、②生コン運搬車が交通渋滞などのトラブルでコンクリートの供給が中断した場合、③コンクリート材料が不良で分離した場合、④バイブレイターによる締め固めが極端に不足した場合、等が考えられます。したがって、おのずとその対策も考えられることかと思います。

　主だった点を挙げると、まず当然、生コンプラントは技術力のしっかりとしたJIS工場を選ぶことになりますが、できれば複数のプラントを選んでおき、1つのプラントでトラブルが発生しても、他のプラントで対応ができるようにしておくのがよいでしょう。そしてプラントから現場までの運搬時間としては、できるだけ短いほうがよいのですが、JISによれば、練り混ぜを開始してから荷降しまでの時間の限度を1.5時間以内と規定し

ています。しかし、夏場の暑い時はコンクリートの凝結反応は早くなるので、外気温が25℃を超える時は1時間を目安とするのがよいと思われます。それから、品質確保のためにプラントとの打ち合わせを密に行い、試験練りや現場での資料採取による強度試験などは、プラント任せにしないで施工者が責任を持って管理することが大切です。さらに、施工者は作業者に対するコンクリートの品質確保に対する教育を行うことも大切です。

　さて、山陽新幹線でのコンクリート片の落下は、上面はコールドジョイントでしたが、下面はコールドジョイントではない不連続面でした。そして、この2つの不連続面で囲まれた部分が落下しました。トンネルの二次覆工におけるコールドジョイントは、決してアーチ作用をなくしてしまう方向には入り得ないので、コールドジョイント自体が覆工構造の安定を損なうということではないはずです。

　しかし、その部分に他の不連続面を発生させる要因がないかどうか確認することが大切です。例えば、背面に空隙がないかどうか、大きな地圧が作用していないか、水が出ていないかどうかなどがチェックポイントとなります。コールドジョイント自体はアーチ効果を損ねることがなくても、永年の間には劣化するもととなるので注意が必要です。

地下発電所のような大空洞はどのように作るのですか？

　純揚水式発電所はほとんどが地下式となっています。これは、①自然環境を損なうことが少ないこと、②地上の発電所に比べて周りの地形などに左右されることなく、必要な落差を稼げること、が大きな理由です。しかし反面、大断面の地下構造物となるため、良好な地質条件が必要であることや、建設費が高くなるなどの課題があります。

　さて、この大断面とはどの程度の規模だと思いますか。普通の二車線道路トンネルや新幹線のトンネルの断面積は大体70～80 m^2程度なのに比べ、地下発電所は大きなもので1500 m^2を超えるものがあります。幅30 m、高さ50 mという感じです。

　筆者は今までに2個所の大規模な地下発電所の建設工事に従事しました。地下400～500 mのところに、市役所や県庁のビルがすっぽりと入ってしまうような大空洞があるのですから、圧巻です。

　このような大きな空洞をどのようにして作るのでしょうか。空洞が大断面になればなるだけ、空洞の安定性は低下し、大きな支保を必要とするとともに、基本的には周辺の岩盤の強度に依存することが多くなります。したがって、地下発電所建設計画地点の事前調査は詳細に実施されます。そして地山条件や地下水等の条件から、発電所の位置を当初計画から移動させたり、方向を変えたり、場合によっては断面形状まで変えることがあります。特に地山の初期応力状態がどっちを向いているか、どの方向が最も大きいか、ということが決め手となる場合が多いようです。

　今までの地下発電所の実績をみると、良好な地山条件の下で建設されたものが多く、局部的な場合を除いて、地山強度比が大きい場所に建設され

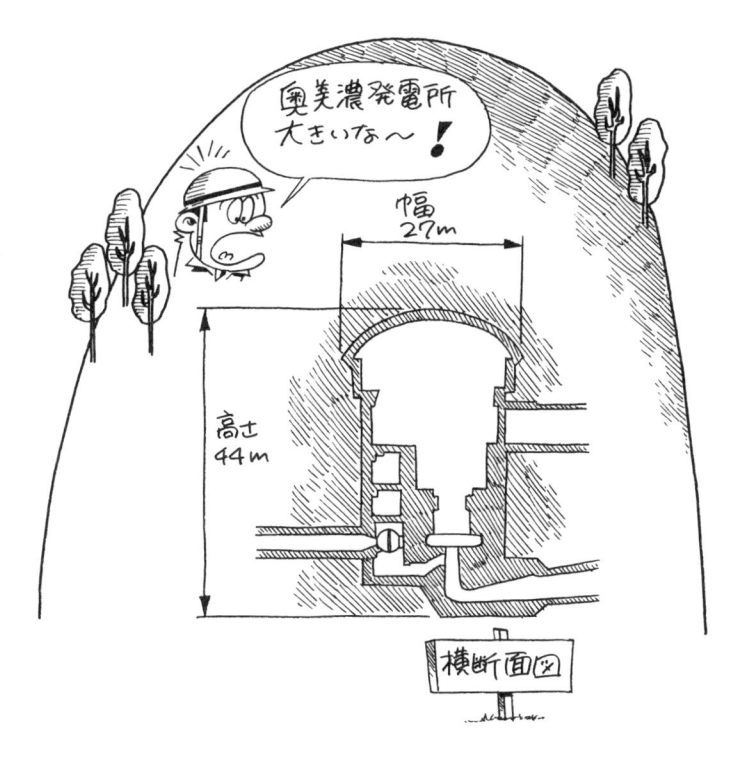

ています。したがって、大断面空洞の安定を支配するのは、亀裂で代表される不連続面の挙動であるといえます。この不連続面が滑らず、動かないようにするためにさまざまな方法で施工されてきました。当然、通常の機械を用いて掘削できるトンネル断面は決まっていますので、その程度の断面を掘削して、それを次々と拡幅していく方法をとります。その中で最も神経を使い、慎重に慎重に掘削するのは、アーチ部分です。発電所のアーチの形状はきのこ型、弾頭型、卵型等があり、この形状によって施工法も若干異なりますが、掘削方法としては、側壁導坑と頂設導坑を掘削して、切り広げていくか、それぞれの導坑から切り広げていくのが標準です。アーチ部の掘削が終わると、高さ3m程度ごとにベンチ掘削を繰り返して、所定の深さまで掘削します。上のイラストは代表的な発電所のひとつである中部電力奥美濃発電所の断面です。

4 トンネルの施工

トンネルの測量を間違えて掘り進んでいくことはないのですか？

　みなさんは青函トンネルや、上越新幹線の清水トンネル、関越自動車道の関越トンネルを走ったことがありますか。どれも、ずいぶん長いトンネルです。こんな長いトンネルの測量はどう行うのでしょうか。

　測量は、間違えることはないのでしょうか。一直線でもなさそうですし、たくさんのカーブも入っているようなので、例えばカーブの大きさを間違えたり、直線からカーブに入る位置（BC）を間違えると大変なことになってしまいます。反対にカーブを曲げて掘ってしまったという話はまず聞いたことがありませんが、カーブに入る位置がずれてしまったという話はあります。測量を間違えて掘り進んでしまった場合、当然、トンネルの出口は全く違うところに出てしまいます。鉄道の場合も道路の場合も、トンネルに続く明かり（外）の高架橋や盛土等の構造物がすでにでき上がっているとしたら、トンネルの出口が違うからといって、それらを作り変えるわけにはいかないので、掘り直さなければなりません。でも、そのためには莫大な費用と工期と労働力を必要とします。トンネルの測量は先が見えない状態で行うもので、高度な技術を必要とします。このような理由で、工事の中で最も重要な要素のひとつが測量です。測量担当者は常に自分の行っている測量を確認し、場合によってはほかの人にチェックしてもらうことが必要です。

　地下500mの深さに設けられる地下発電所の工事では、何本ものトンネルが交差したり、並行したりして設けられています。斜坑、立坑、水平坑、大断面トンネル、小断面トンネルといろいろなトンネルがそれぞれの役割を持って配置されています。これほど複雑に配置されたトンネルを設計図

通りに掘っていくためには、測量技術がとても大切になります。人間ですから、たまには間違えることもあります。しかし、常に目視によるチェックを行い、定期的に詳細なチェック測量をし、1年に1回、もしくは2回、あるいは、重要な分岐点や基準点が必要になった時には、第三者（測量専門会社等）によるチェック測量が必要です。これらのことを怠り、途中や終わりで測量のミスが発見され、斜坑と立坑がドッキングできなくなったとなると、それまでの全員の努力は一瞬にして吹き飛んでしまうことになります。

　測量は土木、建設工事における最も重要で基本的な技術なのです。

斜坑や立坑の掘り方を教えてください。

　斜坑や立坑は、高速道路や新幹線のような長大トンネルを効率的に施工するための作業坑として設けられたり、また換気用として設けられたりします。それ以上の大規模な永久構造物としては、水力発電所の取水口、放水口、調圧水槽、水圧鉄管路等があります。

　では、そのような斜坑はどのようにして掘るのでしょうか。勾配が1/6程度までは水平坑と同様の機械での施工が可能ですが、勾配が1/5以上になると斜坑特有の機械が必要となってきます。そして、斜坑の断面形状、延長や、上から下向きに掘るか、下から上に切り上がるかなどで、施工機械設備が全く異なったものになります。

　道路や鉄道トンネルの作業坑として用いる場合の斜坑は勾配が1/4〜1/8程度が多く、上から下に向かって掘るものがほとんどなので、水平坑の応用編での掘削方法となりますが、水力発電所の水圧管路のように、勾配が1/2（45°）程度のものになると、考え方が全く変わってきます。立坑でも同じですが、斜坑の掘削工程の中で最も問題となるのは、掘削ずりをどう外へ出すかという問題です。掘削ずりを自然落下させるのが最も楽なのですが、この方法として、クライマーによる切り上がり掘削工法と、TBMによる切り上がりがあります。クライマー工法とは、クライマーと呼ばれるラックピニオン方式の移動式足場のステージが、切羽での作業場所となります。マンケージ内から遠隔操作で穿孔し、ステージ上に出て装薬し、結線した後、いったん斜坑底まで降りてきて、発破を打ちます。すると、ずりは斜坑を落ちてきます。これを繰り返して上向きに掘っていくことになります。斜坑TBMは普通のTBMを斜め上向きにして掘削するイ

立坑櫓

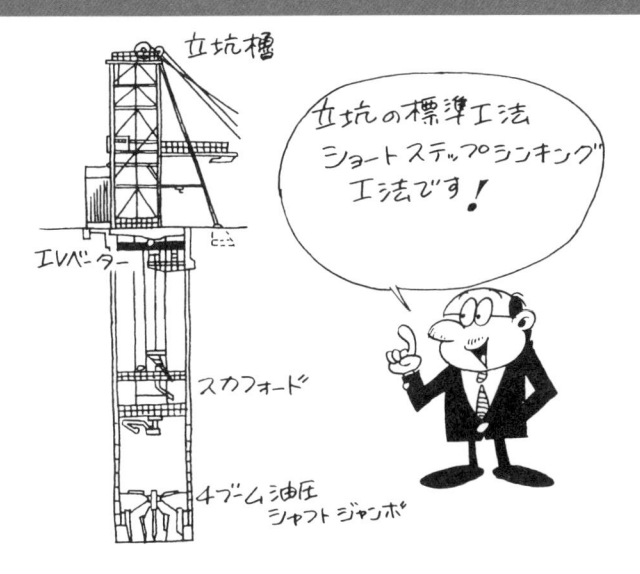

エレベーター

スカフォード

4ブーム油圧
シャフトジャンボ

立坑の標準工法
ショートステップシンキング
工法です！

メージですが、大きなTBM本体の滑落防止が問題となります。

次に立坑について紹介しますが、上から下に向かって掘削する方法として、標準工法はショートステップシンキング工法です。この工法は立坑上部に櫓(やぐら)を組み立てて、この櫓を利用してウインチでスカフォードや削岩機、ズリキブル等を巻き上げたり、巻き下げるもので、一発破長を1.5 m程度とし、掘削後ただちに仮巻コンクリートを打設して、山を押さえながら下に下がっていきます。

立坑が深くなればなるほど、この作業工程の中で最も時間を要するのが掘削ずりを上に上げるずり出し作業です。そこで、立坑の下部にトンネルがある場合には、ずり出し用の立坑を最初に設けてから、周りを切り広げていく方法が取られます。このずり出し用の立坑を掘削する方法として、下から切り上がる場合は、クライマーが用いられたり、上から施工できる場合には、レイズボーラーを用いて掘削するのが一般的です。レイズボーラーとは$\phi 200 \sim 300$ mm程度のパイロット孔を下向きにボーリングして、下部トンネルに貫通したら、そこで大きなビットに交換して、切り広げ、切り上がり掘削（リーミングアップ）をするもので、最近では仕上り径が6 mくらいのものまであります。この方法は、安全に施工できるという大きな特徴があります。

トンネルの掘削ずりの処理方法にはどのようなものがありますか？

　トンネルの掘削作業は、穿孔、装薬、発破（あるいは機械掘削）、ずり出し、支保工、吹き付け、ロックボルトなどの一連の作業の繰り返しです。これらを安全に、速く、安く行うために、それぞれの工種において最適の方法を採用しなければなりません。

　ここでは、ずり処理にどんな方法があるのか説明しましょう。ずり処理とは、掘削されたずりを積み込み、運搬し、再利用したり捨てることですが、ここではずりの積み込みと運搬について説明します。

　かつて矢板工法の時代には、小断面に分割して切り広げる工法が主流だったので、小断面での施工に有利なレール方式によるずり出しが中心でした。その後NATMになっても、水路トンネルなどの小断面ではレール方式が主流です。小断面以外のトンネルでは、最近はほとんどがタイヤ方式で施工されていますが、少しずつ連続ベルトコンベヤ方式が採用され始めています。

　では機械について説明しましょう。まず積み込み機械ですが、その動力源として、エアー式、電気式、内燃機関式に分けられます。エアー式の代表格は、レール方式でよく使われたロッカーショベルが挙げられます。電気式は、レール、タイヤ両方式で使われるシャフローダが有名です。内燃機関式は、主にタイヤ方式で使われるショベル系の機械で、バックホウ、トラクターローダ、ロードホールダンプ等があります。

　次に運搬機械をみてみましょう。レール方式ではずり鋼車（トロ）や、シャトルトレインをかつてはディーゼル機関車で、今はバッテリー機関車で牽引して使用するのが一般的です。レール方式はトンネルの勾配に制約

を受け、通常2％以上になれば特別の逸走防止装置等の安全対策が必要となり、3.5％以上では特殊装置が必要となります。

　タイヤ方式ではほとんどがダンプトラックによる運搬方法ですが、ダンプトラックも時代と共に大型化し、現在は20～25ｔが主流になっています。また、ショベル系の積み込み運搬機械としてロードホールダンプがあり、斜路や急曲線等のトンネルで威力を発揮しています。これらのタイヤ方式による積み込み、運搬機械はほとんどがディーゼルエンジンを動力としているため、排ガスの問題と、走行中の粉じんの問題があり、長大トンネルになるほど作業環境を悪化させる原因となります。そこでトンネル坑内で使用する建設機械は、排出ガス対策型や、黒煙浄化装置付きのものを使用するように決められていますが、それも完璧なものではありません。そこで最近では、連続ベルトコンベヤによるずり出しシステムを採用する現場が増えています。これは掘削に伴ってベルコンが延伸していくもので、ダンプに代わる方法として有望視されています。

4　トンネルの施工

山岳トンネル工法とシールド工法はどう使い分けるのですか？

　もともとトンネルというと、山の中の堅い岩盤をくり貫いて作るというイメージが強いのですが、水のある土砂状の地盤にトンネルを掘るとか、交通量の多い道路の下にトンネルを掘る必要があり、シールド工法というものが実現しました。少し前までの日本では、山岳トンネル工法で固い地山を、シールド工法で軟弱な地山を掘るというように分けられていました。しかし最近、山岳トンネル工法とシールド工法の使い分けが、あいまいになってきました。そして特に、都市部における土砂地山のトンネルが、山岳トンネル工法（NATM）で施工される例が増えてきています。従来はシールド工法の適用地山であると考えられていた地質や環境条件などに対しても、山岳トンネル工法が使われるようになりました。一方、シールド工法は、限りなく多様な地山条件や、トンネル形状への対応ができるように技術開発が進められています。

　ここで山岳トンネル工法とシールド工法を比較してみましょう。まず、トンネルの施工延長については、山岳工法は制約がありませんが、シールド工法の場合は1km以上ないと経済的ではありません。トンネル断面や線形については、山岳工法では任意の断面に掘ることができますが、シールド工法では円形が基本で、半円、楕円、複円断面が可能です。また最近では、四角形に近い断面も掘削できるようになりました。線形は山岳工法の場合、特に制約はないものの、シールド工法の場合の曲率半径はシールド外径の3倍程度までの急曲線が限界です。

　掘削可能な最小土かぶりは、山岳工法では補助工法を用いて3m程度が基本ですが、シールド工法ではトンネル径の1～1.5倍程度は補助工法な

しで掘れます。

　適用される地質については、山岳工法は硬岩から新第三紀の軟岩まで幅広い地山に対応可能で、条件によっては洪積層にも適用されていますが、シールド工法は沖積層、洪積層から新第三紀層の未固結地山程度までに適用されています。地下水に対しては山岳工法では何らかの水抜き工や、遮水工が必要となりますが、シールド工法は密閉型とすることによって、地下水位低下対策をとらずに施工可能です。

　以上のように主に地山の条件によって、この工法を使い分ける必要があることがわかります。

　ひとことで言えば、山岳トンネル工法は一軸圧縮強度が0.1 MPa以上で、変形係数が10 MPa以上のところが望ましく、洪積層以上の固結度をもち、地下水が少ない地山に適用でき、これ以上地山条件が悪い場合には、シールド工法が適用されるといえます。

　このように、それぞれの工法に特徴があり、これらをうまく合体させることによって、より安全で施工性のよい、経済的な機械化施工法を目指し、現在、技術開発が進められています。

1　トンネル一般

1) 水谷敏則・竹林亜夫・志田亘編著：地下空間を拓く、山海堂
2) K．チェッキー（島田隆夫訳）：トンネル工学、鹿島出版会
3) 土質工学用語辞典、地盤工学会
4) 鹿島建設編：建設博物誌、鹿島出版会
5) 定塚正行・竹内泰雄編：新版技術士を目指して《建設部門》9巻トンネル、山海堂
6) 彰国社編：建築大辞典、彰国社
7) ノリス・マクワーター編：ギネスブック1986年版（日本語訳）、講談社
8) ティム・フットマン編・田中孝顕（日本語版監修）：ギネスブック2001、きこ書房
9) 森田武士：土木屋さんの仕事　トンネル、三水社
10) 土木学会関西支部編：地盤の科学、講談社ブルーバックス
11) 土木工学ハンドブック　第40編原子力施設、土木学会
12) 核燃料サイクル開発機構：わが国における高レベル放射性廃棄物地層処分の技術的信頼性－地層処分研究開発第2次取りまとめ－、1999年
13) 天野礼二・長友成樹編著：新体系土木工学70　トンネル（I）－山岳トンネル－、技報堂出版
14) 最先端の月面基地構想、読売新聞、1988年5月30日
15) 岩田勉：有人月面基地の無人建設、将来の宇宙活動ワークショップ88
16) 国土庁：大深度地下の公共的使用に関する特別措置法、2000年5月
17) 佐藤寿延、益田浩：「大深度地下の公共的使用に関する特別措置法」について、月刊建設オピニオン7月号、pp.19－29、2000年7月
18) 国土庁大深度地下利用研究会編著：大深度地下利用の課題と展望、ぎょうせい
19) 住宅基礎の設計ガイドブック　建築技術2000年7月号「別冊」
20) トンネル標準示方書［山岳工法編］・同解説、土木学会
21) 鎌田薫：大深度地下利用と土地所有権、月刊建設オピニオン7月号、pp.38－41、2000年7月
22) 水越達雄：土木施工法講座　電力土木施工法、山海堂
23) H・カスナー：トンネルの力学、森北出版
24) ずい道等建設工事における換気技術指針、建設業労働災害防止協会
25) 「トンネルと地下」編集委員会：NATMの理論と実際、土木工学社
26) 最新トンネルハンドブック、建設業調査会
27) 三木幸蔵：わかりやすい岩石と岩盤の知識、鹿島出版会
28) 道路トンネル技術基準（構造編）・同解説、日本道路協会
29) 藤田圭一監修：土木現場実用語辞典、井上書院
30) ミラノ国際トンネル会議・欧州トンネル現場視察、トンネルと地下

参考文献

第32巻11号、土木工学社、pp.1011－1021、2001年11月

2　トンネルの歴史

1）天野礼二・長友成樹編著：新体系土木工学70　トンネル（Ⅰ）―山岳トンネル―、技報堂出版
2）土木学会関西支部編：地盤の科学、講談社ブルーバックス
3）NHKテクノパワープロジェクト：巨大建設の時代4　地底を拓く、NHK出版
4）K．チェッキー（島田隆夫訳）：トンネル工学、鹿島出版会
5）鹿島建設編：建設博物誌、鹿島出版会
6）松村明編：大辞林　第2版、三省堂
7）森田武士：土木屋さんの仕事　トンネル、三水社
8）為国孝敏：身近な土木の歴史、東洋書店
9）青函トンネルの注入技術、土木学会
10）吉村恒監修、横山章・下河内稔・須賀武：トンネルものがたり、山海堂
11）田村喜子：土木のこころ、山海堂
12）日本鉄道建設公団：青函トンネル技術のすべて、鉄道界図書出版
13）最新トンネルハンドブック、建設業調査会
14）三木幸蔵：わかりやすい岩石と岩盤の知識、鹿島出版会
15）道路トンネル技術基準（構造編）・同解説、日本道路協会
16）トンネル標準示方書「山岳工法編」・同解説、土木学会
17）藤田圭一監修：土木現場実用語辞典、井上書院
18）定塚正行・竹内泰雄編：新版技術士を目指して《建設部門》9巻トンネル、山海堂
19）鉄道省熱海建設事務所：丹那トンネルの話（復刻版）
20）土木学会：明治以前日本土木史、岩波書店
21）長尾義三：物語日本の土木史―大地を築いた男たち、鹿島出版会
22）篠原修：土木造形家百年の仕事　近代土木遺産を訪ねて、新潮社

3　トンネルの調査・設計

1）鹿島建設土木設計本部編：トンネル／土地造成／景観設計　土木設計の要点⑤、鹿島出版会
2）森川誠司、松川剛一：現場に見る施工技術―近接施工と情報化施工―　近接施工における解析技術の基礎知識、土木施工39巻8号、山海堂、1998年

3）定塚正行・竹内泰雄編：新版技術士を目指して《建設部門》9巻トンネル、山海堂
4）森田武士：土木屋さんの仕事　トンネル、三水社
5）鹿島建設編：建設博物誌、鹿島出版会
6）第53回土木学会年次学術講演会講演集（1998年）、土木学会
7）岩の調査と試験、地盤工学会
8）地盤工学ハンドブック、地盤工学会
9）NATM工法の調査・設計から施工まで、地盤工学会
10）NATMにおける予測と実際、地盤工学会
11）桜井春輔：現場計測と逆解析、第1回地盤工学における数値解析セミナーテキスト、日本科学技術連盟、pp.11～19、1984年
12）近接施工技術総覧、産業技術サービスセンター
13）土質工学用語辞典、地盤工学会
14）山口梅太郎・西松裕一、岩石力学入門、東京大学出版会
15）岩の工学的性質と設計・施工への応用、地盤工学会
16）新村出編：広辞苑　第三版、岩波書店
17）地学団体研究会編：新版　地学辞典、平凡社
18）吉中龍之進・桜井春輔・菊池宏吉編著：岩盤分類とその適用、土木工学社
19）道路トンネル維持管理便覧、日本道路協会
20）「トンネルと地下」編集委員会：NATMの理論と実際、土木工学社
21）最新トンネルハンドブック、建設業調査会
22）三木幸蔵：わかりやすい岩石と岩盤の知識、鹿島出版会
23）道路トンネル技術基準（構造編）・同解説、日本道路協会
24）トンネル標準示方書「山岳工法編」・同解説、土木学会
25）藤田圭一監修：土木現場実用語辞典、井上書院

4　トンネルの施工

1）新村出編：広辞苑　第五版、岩波書店
2）百科事典　マイペディア　IC辞書版
3）日経コンストラクション、2001年2月23日号、日経BP社
4）2001年制定　コンクリート標準示方書（維持管理編）、土木学会
5）新体系土木工学36　コンクリートの維持・補修・取壊し、土木学会
6）道路トンネル維持管理便覧、日本道路協会
7）トンネル補強・補修マニュアル、鉄道総合技術研究所
8）変状トンネル対策工設計マニュアル、鉄道総合技術研究所
9）土木学会岩盤力学委員会編：大規模地下空洞の情報化施工、土木学会
10）H・カスナー：トンネルの力学、森北出版

11）ケーブルボルトに関する調査報告書、ジェオフロンテ研究会
12）割岩工法に関する報告書、ジェオフロンテ研究会
13）シングルシェル適用に関する検討報告書、ジェオフロンテ研究会
14）電力施設地下構造物の設計と施工、電力土木技術協会
15）トンネルの吹付コンクリート、日本トンネル技術協会
16）ずい道等建設工事における換気技術指針、建設業労働災害防止協会
17）既設トンネル近接施工対策マニュアル、鉄道総合技術研究所
18）最新トンネルハンドブック、建設業調査会
19）三木幸蔵：わかりやすい岩石と岩盤の知識、鹿島出版会
20）道路トンネル技術基準（構造編）・同解説、日本道路協会
21）トンネル標準示方書「山岳工法編」・同解説、土木学会
22）藤田圭一監修：土木現場実用語辞典、井上書院
23）定塚正行・竹内泰雄編：新版技術士を目指して《建設部門》9巻トンネル、山海堂

コラム

コラム－1
1）鹿島建設編：建設博物誌、鹿島出版会

◇ 著者略歴 ◇

大野春雄（おおのはるお）
1977年 日本大学理工学部卒業
現　在 攻玉社工科短期大学名誉教授　工学博士
　　　 特定非営利活動法人（内閣府認証）建設教育研究推進機構　理事長
　　　 芝浦工業大学講師兼務、土木学会フェロー会員
著　書 ものの壊れ方（日本理工出版会）、土木工学なぜなぜおもしろ読本（山海堂）、都市型震害に学ぶ市民工学（山海堂）、土木への誘い（日本理工出版）、コンピュータへの誘い（日本理工出版）など。

小笠原光雅（おがさわらみつまさ）
1971年 武蔵工業大学工学部土木工学科卒業
現　在 大林組・飛島建設・鴻池組共同企業体波方基地ブタン貯槽工事工事事務所　所長　技術士

酒井邦登（さかいくにと）
1981年 信州大学工学部土木工学科卒業
現　在 東急建設株式会社国際部長　工学博士、技術士（建設）、土木学会フェロー会員、土木学会特別上級技術者（地盤・基礎）

森川誠司（もりかわせいじ）
1983年 東京都立大学大学院工学研究科土木工学専攻修士課程修了
現　在 鹿島建設株式会社土木設計本部設計技術部　技術士
著　書 岩盤構造物の情報化設計施工（分担執筆／地盤工学会）、山留めの挙動予測と実際（分担執筆／地盤工学会）など

新・トンネルなぜなぜおもしろ読本　　　　　　　　Printed in Japan

2009年11月24日　　初版第1刷発行

監　修　大野春雄
著　者　小笠原光雅　©2009
　　　　酒井邦登
　　　　森川誠司
発行者　藤原　洋
発行所　株式会社ナノオプト・メディア
　　　　〒113-0033 東京都文京区本郷4-2-8
　　　　電話 03（5844）3158　FAX 03（5844）3159
発売所　株式会社近代科学社
　　　　〒162-0843 東京都新宿区市谷左内町2-7-15
　　　　電話 03（3260）6161　振替 00160-5-7625
　　　　http://www.kindaikagaku.co.jp
印　刷　株式会社教文堂
イラスト　タッド星谷

●造本には十分注意しておりますが、印刷、製本など製造上の不備がございましたら近代科学社までご連絡ください。

ISBN978-4-7649-5501-1
定価はカバーに表示してあります。